小學生速成學倉頡

暨 小學生倉頡字典

教程與練習

- 第六版 -

王曉影編著

- 配合香港課程發展署資訊科技課程學習目標
- 只需 **4 星期**、每天約 **1 小時** 學會倉頡
- **30 多篇練習** 和小測考勤練倉頡（附答案）
- **小學三年級** 以上至 **初中生** 都適用
- 附錄 **3000 字** 倉頡字典

前言　香港小學生為何應學速成 / 倉頡？ 4

香港資訊科技課程的中文輸入法學習目標 4

甚麼是中文輸入法？ 5

為何要學倉頡？可以只學速成嗎？ 5

第 1 周　做好準備學速成 / 倉頡 6

Day 1: 先學好筆順 6

4 種基本筆順規則 6

6 種常見筆順規則 6

練習 01.　筆順溫習 7

Day 2-4: 打鍵盤的正確手勢 8

練習 02.　鍵盤打字練習 9

Day 5-6: Windows 輸入法的操作 10

啟動倉頡輸入法 10

使用倉頡輸入法的具體步驟 11

練習 03.　跟我做一次（打中文字）................... 12

安裝速成 / 倉頡輸入法 12

全形、半形的分別 13

速成輸入法的啟動和使用 13

在倉頡中用速成 14

Day 7: 標點符號的輸入 15

練習 04.　跟我做一次（英數和標點）............... 16

小測考（一）.. 17

第 2 周　認識倉頡字母和輔助字形 18

Day 1-2: 倉頡字母 18

練習 05.　熟習倉頡字母在鍵盤上的位置 19

練習 06.　倉頡字母打字練習 19

Day 3-6: 輔助字形 22

練習 07.　倉頡字母與所屬輔助字形練習 23

輔助字形範例 24

練習 08.　輔助字形練習（一）..................... 27

練習 09.　輔助字形練習（二）..................... 29

練習 10.　輔助字形字例練習（一）................30

練習 11.　輔助字形字例練習（二）................31

練習 12.　輔助字形字例練習（三）................32

Day 7: 小測考（二）..................................... 33

第 3 周　學習速成取碼原則 34

Day 1-2: 基本取碼原則 34

1. 先上後下 34

2. 先左後右 34

3. 先外後內 35

不跟筆順的例子 35

練習 13.　簡單取碼練習 36

練習 14.　綜合取碼練習 37

Day 3: 精簡取碼原則 38
　　練習 15.　精簡原則拆碼練習 38
Day 4-5: 取碼完整（先繁後簡）原則 39
　　練習 16.　先繁後簡拆碼練習 40
　　　保持原字形特徵原則 40
　　練習 17.　保持原字形特徵拆碼練習 41
　　小測考（三）.. 41
Day 6-7: 速成取碼的例外情況 42
　　　1. 輔助字形為完整中文字 42
　　　2. 認識難字 42
　　　3. 特殊字（貫穿字）.................................. 42
　　練習 18.　特殊字練習 43

第 4 周　　學習倉頡取碼原則 44
Day 1: 認識連體字、分體字、字首和字身 44
　　練習 19.　分辨字首和字身 44
Day 2-3: 連體字和分體字的取碼方法 45
　　　連體字和分體字的分別 45
　　練習 20.　連體字拆碼練習（一）................ 47
　　練習 21.　連體字拆碼練習（二）................ 48
　　練習 22.　連體字拆碼練習（三）................ 48
　　練習 23.　分體字字首練習 49
　　練習 24.　兩部分分體字拆碼練習 50
　　練習 25.　三部分分體字拆碼練習 50
Day 4: 包含省略原則 51
　　練習 26.　包含省略練習（一）.................... 52
　　練習 27.　包含省略練習（二）.................... 53
Day 5-6: 倉頡例外字 53
　　　複合字 53
　　練習 28.　複合字練習 55
　　　難字 56
　　練習 29.　難字練習 57
　　小測考（四）.. 57
Day 7: 綜合小測考 58
　　小測考（五）：輸入唐詩 58
　　小測考（六）：中英混打 58

附加一　　測考與知識 59
　　趣味小測考（七）：拆碼挑戰站 59
　　概念小測考（八）：分清倉頡字首和中文字部首 62
　　知多一點：文字演變小知識 64
　　知多一點：倉頡字碼與甲骨文 66

附加二　　用 Word 處理和美化文件 67
香港小學生倉頡字典 75
練習及測考答案 104

香港資訊科技課程的中文輸入法學習目標

教育局鼓勵中小學學校實行「電腦認知單元課程」，內容囊括電腦繪圖、互聯網、電腦書寫、圖表處理，以至程式編碼等範疇。

「電腦認知單元課程」分了八大單元（開開心心用電腦、用電腦繪圖、用電腦書寫及文書處理、使用互聯網、資訊科技的應用、試算表計算及圖表製作、使用電子郵件和編程教育）及兩個學習階段。

第一階段：認識基本電腦器材的功用、電腦界面及系統，在視窗環境中操作電腦；使用簡單的繪圖工具和處理圖片中的文字。另外，亦要求學生學習鍵盤操作技巧，**使用手寫識別裝置輸入中文字，並學會使用文字處理軟件的功能。**

第二階段：認識不同中文輸入法，並能透過鍵盤輸入中文字。 認識互聯網和電子郵件的功能和應用，認識網上交談和視像會議；亦要學生使用不同搜尋器，搜集、下載及列印關於特定課題的資料；製作簡單表格和圖表，學習試算表的公式運算及排序功能；初步編程教育，使用圖像化編程工具開發人工智能應用程式。

無論是上網搜尋資料、寫電郵、匯報圖表資料等，都需要用到電腦書寫。雖然用手寫識別裝置輸入中文比較容易，只要學童適應手感即可，而鍵盤輸入法則需要長時間的學習和練習，但熟習後，鍵盤輸入的速度遠較手寫輸入為快，所以課程要求孩子學習至少一種鍵盤輸入法是很有道理的。

教育局網站（http://www.edb.gov.hk/）詳述了小學資訊科技學習目標。（最新修訂：2022-7-29）

甚麼是中文輸入法？

要在電腦上輸入中文只需在鍵盤上按對應的字母和符號就可以，但鍵盤只有幾十個按鍵，成千上萬的中文字無法靠按一個鍵就可以輸入，於是就需要將幾個按鍵組成一組，來表達一個中文字，而組合按鍵以對應中文字的方法稱為「編碼」。

我們都會循一定的規則來編碼，這樣只需記得這些規則，而不用死記所有按鍵組合，也可以將中文字打出來。常用的中文編碼方法有很多種，包括倉頡、速成、拼音、注音、五筆和英數輸入法等。每種輸入法都各有長處，那為甚麼我們會選擇倉頡輸入法來學呢？

為何要學倉頡？可以只學速成嗎？

首先，由於很多香港小學生沒有學過漢語拼音和注音，沒有學習基礎，這些輸入法就很難學會；而五筆輸入法主要是在簡體電腦介面上應用。相反，倉頡輸入法則適用於繁體中文，而且也毋須學過拼音或注音也能掌握。

倉頡輸入法是由台灣朱邦復先生於 1976 年制訂的輸入法，也是第一套面世的電腦中文輸入法，可以配合現有的鍵盤輸入中文，而大部分華人地區出售的電腦鍵盤已標上倉頡碼，學起來十分方便。倉頡輸入法除了是最流行的中文輸入法外，也有以下特點：

1. 輸入速度快；
2. 取碼規則符合寫字筆劃；
3. 可在所有中文電腦系統中使用。

不過，倉頡輸入法不算是一套簡單易學的輸入法，需要花較長時間學習編碼規則，以及打字練習才能熟練掌握。針對這問題，速成（或稱為「簡易」）輸入法應運而生，速成是倉頡輸入法的簡化版本，其取碼規則與倉頡相同，但只取每個字倉頡碼的首尾兩碼。這種取碼法比較簡單，適合初學者，但用戶要從大量相同碼字中選擇所需的字，輸入速度較倉頡慢。因此，只適合作為一種過渡的輸入法，在年紀尚小無法掌握太多取碼原則的情況下，或還沒熟習某些字的拆碼方法時，可以暫時採用速成輸入法，但最終學生應學好倉頡輸入法打字，這樣速度才會快。

在正式開始學習速成 / 倉頡輸入法之前，有兩件事大家最好要先準備好，就是溫習一下中文字的筆順和學習正確的打字手勢。

Day1

先學好筆順

速成 / 倉頡輸入法取碼規則大致符合寫字筆劃，這樣做是為了使用戶易學易記。雖然有些字的取碼方法也有不符合正規寫字筆劃的例外情況，但先學好寫字筆劃對於理解速成 / 倉頡輸入法是必要的。

4 種基本筆順規則

一、先上後下——寫字時筆劃要先由上面寫到下面。

　　範例：三

二、先左後右——寫字時筆劃要先從左寫到右。

　　範例：州

三、先橫後直——遇到橫劃與直劃或撇相交或者相連時，要先寫橫劃，後寫直劃或撇。

　　範例：十、大

四、先撇後捺——遇到撇和捺時，要先寫撇，後寫捺。

　　範例：人

6 種常見筆順規則

一、先外後內——兩面包圍或三面包圍結構的字，一般是先寫外面，後寫裏面。

　　範例：月、勾

二、「撐艇仔」偏旁最後寫——「建造」兩字外圍的偏旁要最後寫，先寫裏面的「聿告」。

　　範例：延、邊

三、橫劃突出最後寫——在字的中間、位置比較突出的橫劃要最後寫。

　　範例：女

四、直劃貫穿最後寫——貫穿其他筆劃、而下面沒有筆劃阻擋的直劃要最後寫。但如果有橫劃在下面，直劃又不穿過它，那就要按照「先上後下」的原則最後寫橫劃，例如「土」字。

　　範例：中

小學生學速成倉頡

五、先進去，後關門——四面包圍結構的字，要先寫外圍（左上右）三面，再寫裏面，下面口的一橫要最後寫。

　　範例：田、國

六、先中間，後兩邊——在字的中間而且位置突出、不跟其他筆劃相交的直劃要先寫。

　　範例：小

練習 01. 筆順溫習

1.1 請在□中寫出下列字的筆順：

川 □ □ □

小 □ □ □

同 □ □ □ □ □ □

永 □ □ □ □ □

明 □ □ □ □ □ □ □ □

申 □ □ □ □ □

延 □ □ □ □ □ □ □

1.2 請為以下筆順規則各寫 3 個字例：

先左後右 _____

先外後內 _____

先撇後捺 _____

先進去，後關門 _____

直劃貫穿最後寫 _____

「撐艇仔」最後寫 _____

Day 2-4

打鍵盤的正確手勢

　　學打中文字之前，應先學打英文字，若能以正確的手勢打鍵盤，使用速成 / 倉頡輸入法時的速度會更快。否則，在一分鐘內輸入數十個中文字是很難做到的。

　　大家要明白，學習正確的手勢控制鍵盤，需要時間和耐性，千萬不要遇到困難就放棄，畢竟「一指禪」是難以和十隻手指匹敵的。

請跟從下圖在鍵盤上放好你的手指：

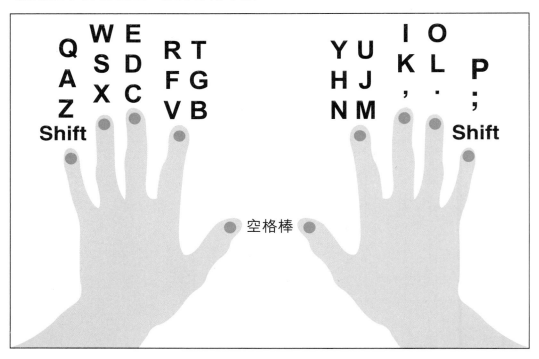

1. 在預備時，一般是把兩隻食指放在 F、J 這兩個鍵上；
2. 其餘手指依次放在「ASD」、「KL；」上；
3. 其中一隻拇指放在「空格棒」上。

　　知道每隻手指要處理甚麼鍵就可以開始打字了，沒有在上圖標示的按鍵則可以用自己習慣的方式來打。要從英文字母的小楷轉成輸入大楷（或相反情況）時，若字在左手，則右手按着「Shift」；相反，若字在右手，則左手按着「Shift」。

　　還有一點要注意的是：輸入英文字句時，每個單詞之間都會有個空格，而輸入中文時，每個字輸入所有碼後，也需要按「空格棒」才算完成輸入，所以打英文的這點習慣也適用於打中文字。

練習 02.　鍵盤打字練習

　　以下練習每天最少練習一次，連續練習三至六天。初開始練習時要盡量不看鍵盤，最後一天要完全不看鍵盤。

2.1 請輸入以下字鍵以練習打「asdf jkl;」

asdf jkl; asdf ffdd ffss ffaa asdf ;lkj jjkk jjll jj;; asdf jkl; fjfj dfdf dsds klkl sasa l;l; fafa j;j; fsfs fdfd ffdd ss aa jkjk jljl j;j; ll;; fjfj dkdk slsl a;a; jjkk asdf jkl; fjfj dkdk slsl a;a; ffss ddaa jjll kk;; jkl; fdsa dada fafa jaja kala jkl; jkfd kala jjff kkdd llss ;;aa klds l;sa

2.2 請輸入以下字鍵以練習打「rtyu」

frfr ftft jyjy juju frfr ftft jyjy juju jyju frfr ftft jyjy frft juju frju frju frft frfr ftft jyjy juju fdfd frfr ftft jkjk jyjy juju jyft juju frfr frfd jujk jujy jyft jujy ftfr ftfr fdfr jyju jkju jujy jufr jyft fdsa jkl; fjft jfjy fdfr jkju jkl; ujku yjky jujl jujl juj; ftfd frfs fdsa frfs frfa fjfj ftjy frju fdsa

2.3 請輸入以下字鍵以練習打「eigh」

dede kiki fgfg jhjh deed kiik fggf jhhj jhjh dede fgfg kiki jhjh jhfg jhfg jhjh fgfg kiki dede dfgf kiki kjhj jhki dfde kikj dfde fgjh jhki kikj jhjk jhjh jyjy jhjh juju ftft fgfg ftft frfr fded jkik kiki jhjh dede fgfg dedf fgfd fgfg kjkj frfr dede kiki jhjh jyjy juju jhfg kide

2.4 請輸入以下字鍵以練習打「cvb」

fvfv dcdc fbfb fbbf fvvf dccd dccd fvvf fbbf fbfv frfv fgfg fbfb fvfv ftft frfr fgfb fvft frfv fgfv fbfb jhjh fgfb jyft decd ftfv ftfb ftfb fvft fbfr frfv ftfb kiki dcdc fvfv fbfb dcdc dccd fvvf fbbf jhjh fbfb kiki fvfv fbfb dcde dcde fbft decd dfvb dftb dftb fbft ftfr fbfv dcdc

2.5 請輸入以下字鍵以練習打「mn;:」

jnjn k,k, jmjm l:l: jnnj k,,k ;::; jnfv jnjn fvfv jhjn fgfb jmjm fvfv fbfb jmjm jnjn jnjm k,kl k,k, l;l: l:l; k,k, jmjn jnnj jmmj k,,k l::l l;l: l:l; jnfb jmfv jnjm jujm jyjn jyjm jujn fvjm fbjn jhfg jyju frft jnjm fvfb k,,k kik, klk, kl:; ki,k decd decd fvfr jmmj ki,k fbft jnjy jmju deki

2.6 請輸入以下字鍵以練習打「wxo.」

swsw sxsx dsxw lolo l.l. sxxs swxs swxs swxs lo.l lol. lol. swxs sxws sxws lol. lol. swsx slwx lso. lso. lo.l lol. sxws sos. sos. xolo. solo. was. sdsx sdsx swsd sol. lko. kola kolo mela melo sxws sxxs swws sdsw lklo lkl. lol; kilo swws sox; sand water

2.7 請輸入以下字鍵以練習打「qzp'"」

aqaqa aqqa aqas aqaq azaz azza azaz ;p;p; ;pp; ;';'; ;';'; ;";"; aqaq azza ;p;p ;';' ;";"; ;';"; ;p;p; ;p;'; ;p;"; azza ;""; aqqa ;pp; aqza ;p;'; ;";p; aqza qqzza pp"" p"p"; ;pp; aqqa azza qzaq p;'; ;p;l; aqasa azqa asaq ;p;'; aqqa ;pp; azza ;';"; ;p;'; azad aqad faqa

Day 5-6
Windows 輸入法的操作

新版本的中文 Windows 如 Windows 10 和 8 都已安裝了倉頡輸入法（或微軟新倉頡輸入法），只要在開啟文書處理軟件（如 Word 或 Notepad）後啟動就可使用。

啟動倉頡輸入法

同時按「Ctrl」和「Shift」，留意視窗右下角的工具列中的英文輸入模式會變成 中倉 / CH 倉倉 或視窗下方會出現 倉半 圖示（舊版本的倉頡輸入法）。

啟動後快速切換中英文輸入法

若是微軟新倉頡輸入法，按「Shift」就可以，右下角的圖示會變成 CH 倉A （也可以按 A 的位置切換中英文輸入法）；若是舊版本的倉頡輸入法，要按「Ctrl」，再按空格棒。

◀▼在輸入法上按下滑鼠右鍵，點選「顯示觸控式鍵盤按鈕」，在輸入法旁便會出現鍵盤按鈕。

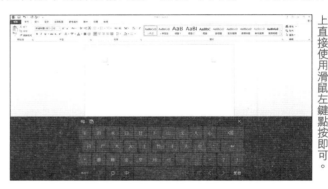

◀要輸入標點符號，只要在鍵盤上直接使用滑鼠左鍵點按即可。

使用倉頡輸入法的具體步驟：

❶ 開啟文書處理軟件（如 Word，按「開始」→「Microsoft Word」），同時按「Ctrl」和「Shift」，直至出現倉頡輸入法圖示；

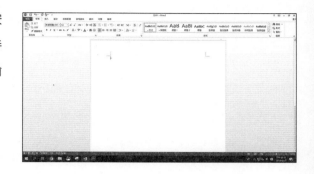

❷ 輸入倉頡碼，例如「V+I+D」，會出現「1. 槳 2. 樂」(打字時在熒幕出現的下劃虛線是微軟新倉頡輸入法才有的，表示這個字的輸入還沒確認，可能要改為其他同碼字。只要按「Enter」，下劃虛線就會消失)；

❸ 因為「槳」字和「樂」字的編碼一樣，若要輸入「槳」字也是打這個字母組合，若你要輸入的是「樂」字，你就要按鍵盤上數字鍵 2 來選擇；

❹ 成功選到想輸入的字後，系統會顯出該字的聯想詞，以「樂」為例，假如想輸入「樂在其中」，可以按「Shift+ 數字鍵 2」，如果選字表第一頁沒有看到需要的字，也可按空格棒翻頁選字。

小學生學輸入法

練習 03. 跟我做一次（打中文字）

學習電腦操作的最好方法是自己動手做一次，做完就會記得步驟。請按以下步驟試試：

1. 選「開始」→「程式集」→「附屬應用程式」；
2. 在「附屬應用程式」中按「記事本（NotePad）」；
3. 同時按「Ctrl」和「Shift」，直至出現倉頡輸入法圖示；
4. 鍵入「hnlh m imno qmn jnd」，你在 NotePad 上看到輸入的中文字了嗎？

安裝速成 / 倉頡輸入法

舊版本的中文 Windows 不一定會預先安裝速成 / 倉頡輸入法，有時就算是新版本的 Windows 也可能因為被用戶改過，將輸入法卸除了，這時就要自己動手安裝了：

❶ 選「開始」→「設定」→「時間與語言」→「語言」；

❷ 在語言的「中文」中點選「選項」；

❸ 在語言選項中的「鍵盤」按「新增鍵盤」便可以加入新的輸入法，也可以按「移除」刪掉不用的輸入法。

全形、半形的分別

　　中文電腦中的英文字母、數字和標點符號有全形和半形之分（但中文字是沒有半形的），而在英文操作系統中，所有的字母、數字和符號都是半形的。全形和半形字的主要分別是所佔的空間比半形的大。

全形和半形字範例

項目	全形	半形
英文	ａｂｃＡＢＣ	abcABC
數字	１２３４５６	123456
標點符號	．，；〔／？	.,;[/?

　　一般來說，全形的英文字母和數字的打印效果不及半形的美觀，所以字母和數字多數用半形的，但部分全形的標點符號在中文中使用比半形更正確和美觀，例如句號「。」和頓號「、」不適合用半形，逗號「，」也是全形較美觀，其他的符號則可視乎情況或個人喜好採用。

　　因此，輸入中文時，我們會在全形和半形之間切換，操作方法是：

全形、半形切換

　　先啟動輸入法，按着 Shift，再按空格棒，或者；

　　先啟動輸入法，點按微軟新倉頡輸入法中的 ▣ 或舊版本速成／倉頡圖示中的「全」或「半」字。

速成輸入法的啟動和使用

　　雖然學習中文輸入法始終以掌握好倉頡輸入法為目的，但對小學生來說，先學速成輸入法可提升自信，減少因太多字無法拆碼而帶來挫折感的情況。

　　速成輸入法的安裝和啟動方法和倉頡一樣，安裝之後，在文書處理軟件中同時按「Ctrl」和「Shift」就可切換不同輸入法使用。速成輸入法的取碼原則和倉頡一樣，但只需頭尾兩碼就可以。

小學生學輸入法

舉例來說，「家」的倉頡碼是「JMSO」，而速成碼則是「JO」。也就是說，大家只要鍵入「JO」，就會出現如圖所示的同碼字清單，在清單上點按「家」字或鍵入數字鍵「2」就可以了。速成輸入法的同碼字有時很多，若一頁清單無法全部顯示的話，可以按空格棒來顯示下一頁。

◀ 由於只使用兩個碼，速成輸入法的同碼字比倉頡多很多。

在倉頡中用速成

另一項要學習的操作，是在倉頡輸入法中使用速成輸入法。因為倉頡的拆碼較複雜，個別字難免會出現執筆忘「拆碼」的情況，這時再調動速成輸入法會比較麻煩，建議可用這方法在倉頡中使用速成：以「家」字為例，鍵入「J」後，按「Shift」+「*」（數字鍵「8」），再鍵入尾碼「O」及空格棒，就會顯示和速成輸入法一樣的同碼字清單，在清單中選取就可以了。

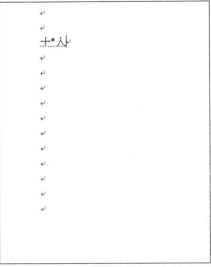

▲「*」在電腦中常用來代替不知道的東西。

Day7

標點符號的輸入

明白全形和半形後，大家都會知道全形的標點符號只要切換到全形輸入模式，就可以按對應的鍵盤符號鍵輸入，但沒有對應半形符號鍵的句號「。」和頓號「、」怎樣輸入的呢？

其實，倉頡輸入法已為所有全形標點符號編了碼，全部都以「z」鍵開頭及有 4 個碼。若打字快而又記得熟的話，用鍵盤輸入標點符號也很方便。

全形標點符號編碼表

編碼	符號	編碼	符號	編碼	符號	編碼	符號
ZXAA	全形空格	ZXBA	｜	ZXCA	〉	ZXAB	，
ZXBB	—	ZXCB	︵	ZXAC	、	ZXBC	｛
ZXCC	︶	ZXAD	。	ZXBD	︳	ZXCD	「
ZXAE	‧	ZXBE	（	ZXCE	」	ZXAF	•
ZXBF	）	ZXCF	︷	ZXAG	；	ZXBG	︶
ZXCG	︺	ZXAH	：	ZXBH	︶	ZXCH	『
ZXAI	？	ZXBI	｛	ZXCI	』	ZXAJ	！
ZXBJ	｝	ZXCJ	︹	ZXAK	：	ZXBK	︶
ZXCK	︺	ZXAL	…	ZXBL	︶	ZXCL	（
ZXAM	‥	ZXBM	〔	ZXCM	）	ZXAN	，
ZXBN	〕	ZXCN	｛	ZXAO	、	ZXBO	︶
ZXCO	｝	ZXAP	．	ZXBP	︶	ZXCP	〔
ZXAQ	·	ZXBQ	【	ZXCQ	〕	ZXAR	；
ZXBR	】	ZXCR	'	ZXAS	：	ZXBS	︱
ZXCS	'	ZXAT	？	ZXBT	︺	ZXCT	"
ZXAU	！	ZXBU	《	ZXCU	"	ZXAV	｜
ZXBV	》	ZXCV	︑	ZXAW	—	ZXBW	≪
ZXCW	″	ZXAX	｜	ZXBX	≫	ZXCX	、
ZXAY	—	ZXBY	〈	ZXCY	′		

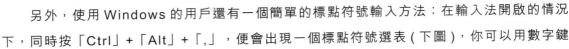

另外，使用 Windows 的用戶還有一個簡單的標點符號輸入方法：在輸入法開啟的情況下，同時按「Ctrl」+「Alt」+「,」，便會出現一個標點符號選表 (下圖)，你可以用數字鍵或滑鼠按適當的位置選取適用的標點符號。

▶ 按下相應的數字鍵後，便能輸入該標點符號，也可以直接使用滑鼠左鍵點按。

▶ 如果第一頁沒有顯示想選擇的標點符號，按一下空格棒便能跳轉至下一頁。

練習 04. 跟我做一次（英數和標點）

英文字母、數字和標點符號都有全形和半形，全形和半形的分別雖然在螢幕上也可以看到，但將文字打印出來會看得更清楚，你更容易決定甚麼時候用全形，甚麼時候用半形。

請按以下步驟試試：

1. 選「開始」→「Window 附屬應用程式」→「記事本（NotePad）」；
2. 按「Shift」，直至出現倉頡輸入法圖示；
3. 按 Shift，再按空格棒，切換到全形；
4. 鍵入「tgdi onf yrcru :」；
5. 按 Shift，鍵入「hello」，再鍵入「2020.」，
6. 你會在 NotePad 上看到「對你說：ｈｅｌｌｏ ２０２０。」
7. 按着「Enter」換行，同時按「Shift」和「空白鍵」切換到半形；
8. 鍵入「tgdi onf yrcru :」；按 Shift，鍵入「hello 」，再鍵入「2020.」；
9. 你會在「記事本」上看到「對你說：ｈｅｌｌｏ ２０２０。」和「對你說 :hello 2020.」兩行字。
10. 按「檔案」→「列印」，將這兩行字打印出來比較一下，就不難發現數字和英文字母半形較美觀，而標點符號（如「：」）全形還是半形適合就要看情況了。

小學生學輸入法

第 1 周
做好準備學速成 / 倉頡

小測考（一）

a. 請回答以下問題：

1. 左手食指是用來鍵入哪些英文字母鍵的？

_____

2. 打中文字時，哪個鍵要每個字都要打？

_____

3. 啟動輸入法要按哪個鍵？

_____

4. 全形、半形切換要同時按哪些鍵？

_____

5. 句號「。」的倉頡編碼是甚麼？

_____

b. 請開啟文書處理器如 Word 或 Notepad，並輸入以下文字：

A B C ABC a b c abc 1 2 3 123

c. 請開啟文書處理器如 Word 或 Notepad，並輸入以下標點符號：

. . 。 、 , ; ;

第 2 周
認識倉頡字母和輔助字形

Day1-2

倉頡字母

速成 / 倉頡輸入法主要使用鍵盤中 24 個鍵，即除 X 和 Z 以外的所有英文字母鍵。這 24 個鍵每個都稱為「倉頡字母」，而每個倉頡字母又代表數個字形，稱為「輔助字形」。

24 個倉頡字母被分為 4 類，包括：哲理類、筆劃類、人身類和字形類。大家可以不用記得這 4 個分類，最要緊的是要知道哪個鍵代表哪個倉頡字母。不過，由於現在中文電腦的鍵盤都會標上倉頡字母，大家初學時可以看鍵盤上標示的倉頡字母來輸入。

24 個倉頡字母對應的字母鍵

哲理類	日	月	金	木	水	火	土
按鍵	A	B	C	D	E	F	G
筆劃類	竹	戈	十	大	中	一	弓
按鍵	H	I	J	K	L	M	N
人身類	人	心	手	口			
按鍵	O	P	Q	R			
字形類	尸	廿	山	女	田	卜	
按鍵	S	T	U	V	W	Y	

這些倉頡字母像英文字母那樣，需要熟記才能學好倉頡字母的組合（即中文字）。對於熟悉英文打字的同學，可以將倉頡字母和英文字母一一對應，以記住倉頡字母在鍵盤上的位置。不過，若不是打英文字母的高手，也可以直接熟記倉頡字母鍵的位置。採用哪種方法可依個人喜好而定。

▲ 倉頡字母在鍵盤上的位置

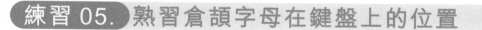

練習 05. 熟習倉頡字母在鍵盤上的位置

以下顯示了部分倉頡字母在鍵盤上的位置，請看看你的電腦鍵盤，在（　）中填上沒有顯示的倉頡字母。

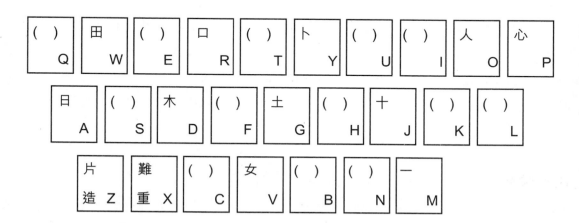

練習 06. 倉頡字母打字練習

請打開 NotePad 或 Word，啟動倉頡輸入法，然後做以下練習（留意鍵入每個中文字後都要按空格棒才可以輸入）：

6.1 請輸入以下倉頡字母以練習打「日尸木火 十大中」：

日尸木火 十大中 日尸木火 火火木木 火火尸尸 火火日日 日尸木火 中大十 十十大大 十十中中
十十 日尸木火 十大中 火十火十 木火木火 木尸木尸 大中大中 尸日尸日 中中 火日火日 十十 火
尸火尸 火木火木 火火木木 尸尸 日日 十大十大 十中十中 十十 中中 火十火十 木大木大 尸中尸
中 日日 十十大大 日尸木火 十大中 火十火十 木大木大 尸中尸中 日日 火火尸尸 木木日日 十十
中中 大大 十大中 火木尸日 木日木日 火日火日 十日十日 大日中日 十大中 十大火木 大日中日
十十火火 大大木木 中中尸尸 日日 大中木尸 中尸日 十火木尸 火十大中 十大中 火木尸日 日日
尸尸 木木火火 十十大大 中中 十大中 火日木尸 火火木木 尸尸日日 日尸木火 十十大大 中中 火
火十十 木木大大 尸尸中中 日日 十大中

6.2 請輸入以下倉頡字母以練習打「口廿卜山」：

火口火口 火廿火廿 十卜十卜 十山十山 火口火口 火廿火廿 十卜十卜 十山十山 十卜十山 火口
火口 火廿火廿 十卜十卜 火口火廿 十山十山 火口十山 火口十山 火口火廿 火口火口 火廿火廿
十卜十卜 十山十山 火木火木 火口火口 火廿火廿 十大十大 十卜十卜 十山十山 十卜火廿 十山
十山 火口火口 火口火木 十山十大 十山十卜 十卜火廿 十山十卜 火廿火口 火廿火口 火木火口
十卜十山 十大十山 十山十卜 十山火口 十卜火廿 火木尸日 十大中 火十火廿 十火十卜 火木火
口 十大十山 十大中 山十大山 卜十大卜 十山十中 十山十中 十山十 火廿火木 火口火尸 火木尸
日 火口火尸 火口火日 火十火十 火廿十卜 火口十山 火木尸日 十大中 十卜十 十山十中 十卜火
廿 十山火口 火口日 火廿尸日 火廿卜 火口山 火口火廿 十卜十山 日尸木火 火口火廿 十大中 十
卜十山 十山十大

6.3 請輸入以下倉頡字母以練習打「水戈土竹」：

木水木水 大戈大戈 火土火土 十竹十竹 木水水木 大戈戈大 火土土火 十竹竹十 十竹十竹 木水
木水 火土火土 大戈大戈 十竹十竹 十竹火土 十竹火土 十竹十竹 火土火土 大戈大戈 木水木水
木火土火 大戈大戈 大十竹十 十竹大戈 木火木水 大戈大十 木火木水 火土十竹 十竹大戈 大戈
大十 十竹十大 十竹十竹 十卜十卜 十竹十竹 十山十山 火廿火廿 火土火土 火廿火廿 火口火口
火木水木 十大戈大 大戈大戈 十竹十竹 木水木水 火土火土 木水木火 火土火木 火土火土 大十
大十 火口火口 木水木水 大戈大戈 十竹十竹 十卜十卜 十山十山 十竹火土 大戈木水 木水戈大
水土戈竹 竹卜竹卜 竹山竹山 大戈大戈 十山十山 竹山竹山 十卜竹卜 十卜竹卜 火土廿火 口火
廿火 土火竹十 水木土火 水木土火 竹十戈大 竹十戈大 十竹大戈 十大中 火木尸日 火廿十卜 火
土木水 火土火土

6.4 請輸入以下倉頡字母以練習打「金女月」：

火女火女 木金木金 火月火月 火月月火 火女火火 木金金木 木金金木 火女女火 火月月火 火月
火女 火口火女 火土火土 火月火月 火女火女 火廿火廿 火口火口 火土火月 火女火廿 火口火女
火土火女 火月火月 十竹十竹 火土火月 十卜火廿 木水金木 火廿火女 火廿火月 火廿火月 火女
火廿 火月火口 火口火女 火廿火月 大戈大戈 木金木金 火女火女 火月月火 木金木金 木金金木
火女女火 火月月火 十竹十竹 火月火月 大戈大戈 火女火女 火月火月 木金木水 木金木水 火月
火廿 木水金木 木火女月 木火廿月 木火廿月 火月火廿 火廿火口 火月火女 木金木金 木金金木
木金水木 木 木水金木 木月木月 木女木女 火女火女 火月火月 大戈木水 十卜火廿 火廿火月 十山

火口 火口火女 火口女火 火廿月火 火女火口 木水金木 大戈大十 木金水木 火女火月 火廿火月
火口火女 木金火女火月

6.5 請輸入以下倉頡字母以練習打「手心」：

日手日手日 日手手日 日手日尸 日手日手 日日 日日 日日 心心 心心 日手日手 日日 心心 日日
日手手日 心心 日手日 心 心 日手日 手手日 心心 心心 心心 日手手日 日日 手日手日 心 心中 日
手日尸日 日手日 日尸日手 心 日手手日 心心 日日 心 日日木 日手日木 火日手日 心中日 心手
日 日心 中日心 中日心 心心 日手日 日手手日 日尸日 日尸日手 日日火 日尸手 心中心 心大心
心十心 心十 日手日 心 日日手

6.6 請輸入以下倉頡字母以練習打「一弓」：

十弓十弓 大大 十一十一 中中 十弓弓十 大大 十弓火女 十弓十弓 火女火女 十竹十弓 火土火月
十一十一 火女火女 火月火月 十一十一 十弓十弓 十弓十一 大大中 大大 中中 中中 大大 十一十
弓 十弓弓十 十一一十 大大 中中 中中 中中 十弓火月 十一火女 十弓十一 十山十一 十卜十弓
十卜十一 十山十弓 火女十一 火月十弓 十竹火土 十卜十山 火口火廿 十弓十一 火女火月 大大
大戈大 大中大 大中 大戈大 木水金木 木水金木 火女火口 十一一十 大戈大 火月火廿 十弓十卜
十一十山 木水大戈 木金大 大戈大 大中 大戈一 大戈弓 一日一日 弓水一戈 十日弓水 十一十弓
十山弓大 中戈中戈 大戈大 大戈弓土 十弓十一 大戈弓 十弓十一 大大 中中

6.7 請輸入以下倉頡字母以練習打「田難人」：

尸田尸田 尸難尸難 木尸難田 中人中人 中 中 尸難難尸 尸田難尸 尸田難尸 尸田難尸 中人 中
中人中 中人中 尸田難尸 尸難田尸 尸難田尸 中人中 中人中 尸田尸難 尸中田難 中尸人 中尸人
中人 中 中人中 尸難田尸 尸人尸 尸人尸 難人中人 尸人中人 田日尸 尸木尸難 尸木尸難 尸田尸
木 尸人中 中大人 大人中日 大人中人 一水中日 一水中人 尸難田尸 尸難難尸 尸田田尸 尸木尸
田 中大中人 中大中 中人中 大戈中人 尸田田尸 尸人難 尸日弓木 田日廿水口 尸田難尸 中人中
尸田木水 木火尸田 尸田尸木 尸日尸難 尸田田尸 尸難難尸 尸木尸難 尸田尸木 尸日尸難尸 尸
田尸難尸 中人中大 大中人 十大中 中人尸田 尸難中 中人中大 尸田尸木 尸田尸田 尸難尸難 中
人中 中大中人 中大中 尸田難尸 中人中

小學生學倉頡字母

Day3-6

輔助字形

　　倉頡輸入法只有 24 個倉頡字母，但中文字有數萬個，單憑 24 個字母也無法組合成所有的中文字。所以，每個倉頡字母也會代表數個輔助字形，再由這些輔助字形組合成更多的中文字。

　　舉例來說，對應英文字母「B」鍵的倉頡字母「月」的輔助字形包括：

按鍵	倉頡字母	輔助字形
B	月	𠃌 目 冂 几 冖

　　於是，在以下三種情況下，你都會用到「B」鍵：

1. 要輸入「月」字；

2. 要輸入一些文字部分包括「月」的字，如：服、明、朋、肢。

3. 要輸入以「月」倉頡字母的所屬輔助字形組成的字，如：罕、周、燃、采。

下表列出各倉頡字母及其輔助字形，大家要通過多練習以求將此表一步步記牢。

倉頡字母與所屬輔助字形表

字母鍵	倉頡字母	輔助字形
A	日	四 曰
B	月	夕 𠃌 目 冂 几 冖
C	金	丷 八 儿
D	木	寸 力
E	水	氵 氺 又
F	火	灬 川 𭕄 个 小
G	土	士
H	竹	丿 厂
I	戈	丶 广 厶
J	十	宀
K	大	乂 𠂇 疒

字母鍵	倉頡字母	輔助字形
L	中	丨 衤 肀
M	一	㇀ 厂 𠂆 工
N	弓	亅 ㇇ 乙 乁 ⺈ 𠂉
O	人	亻 𠆢 𠂉 𠂆 入 乀 ㄑ
P	心	忄 ⺗ 匕 七 弋 戈 勹
Q	手	扌 ⺘ 龵 牛
R	口	沒有輔助字形
S	尸	コ 匚 𠃌 卜 𠂇
T	廿	艹 ⺾ 丗 廾 丱 䒑 业
U	山	凵 乚 屮 屮
V	女	ㄑ 𠃋 乚 乀 𠄌
W	田	囗 ⺲
Y	卜	⺊ 亠 ⺀ 辶

練習 07. 倉頡字母與所屬輔助字形練習

以下每個倉頡字母請各畫兩個所屬輔助字形：

	倉頡字母	輔助字形			倉頡字母	輔助字形	
1.	月	______	______	10.	人	______	______
2.	金	______	______	11.	心	______	______
3.	水	______	______	12.	手	______	______
4.	火	______	______	13.	尸	______	______
5.	戈	______	______	14.	廿	______	______
6.	大	______	______	15.	山	______	______
7.	中	______	______	16.	女	______	______
8.	一	______	______	17.	卜	______	______
9.	弓	______	______				

輔助字形範例

以下是所有輔助字形的一些例子，請細閱並弄清楚其中的規律。基本上，輔助字形的應用原則都以外觀為主，即看起來相似的部分就會用同一輔助字形。

倉頡字母和輔助字形字例

字母鍵	倉頡字母	原形及輔助字形	字例
A	日	日	明昭
		四	巴象
		日	冒昌
B	月	月	朋明有
		夕	然炙
		爫	采妥受
		目	且目助
		冂	奧典
		冂	同南雨周
		冖	罕
C	金	金	針銅
		⺌	弟丫兌
		八	公父分
		儿	四酒
D	木	木	森林李
		寸	寸才侍
		力	也五
E	水	水	泉冰

字母鍵	倉頡字母	原形及輔助字形	字例
		氵	江河洪汁
		水	求泰康
		氺	屬遲
		又	支叉友各
F	火	火	炎伙灰
		灬	黑杰熱
		⺌	變
		⺌	尚半肖米
		个	不祈
		小	少示尖
G	土	土	坦地
		士	吉志仕
H	竹	竹	答笛符
		丿	白禾八
		厂	反爪
I	戈	戈	或成
		丶	犬太
		广	床序店

字母鍵	倉頡字母	原形及輔助字形	字例
		厶	公台至
J	十	十	支弃
		宀	安家宗
K	大	大	奇大夾
		乂	文父狐狗
		ナ	有左
		疒	疾病
L	中	中	串仲
		丨	川順
		衤	衫裡被
		聿	事書
M	一	一	三天示
		丿	刁冷
		厂	原岸
		丆	頁石項
		工	江左功
N	弓	弓	強引
		亅	行丁利
		乛	了之
		乙	凡乞
		乁	九氣氛
		勹	夕久多

字母鍵	倉頡字母	原形及輔助字形	字例
		𠂉	欠你色
O	人	人	肉座
		亻	佔仁供
		入	今合會
		𠂆	每收矢
		ㄏ	兵邱
		入	內兩
		乀	入尺八
		く	兆家
P	心	心	蕊思
		忄	忙怡情
		小	添恭慕
		ヒ	北乖皆化
		乜	也世他
		弋	代低式
		戈	洩
		勺	句包勻
Q	手	手	拿掌
		扌	扣把拍打
		丰	責邦
		丯	春失夫
		牛	年舞

字母鍵	倉頡字母	原形及輔助字形	字例
R	口	口	呂管唱和
S	尸	尸	尿屋
		ㄱ	巨凹
		工	匡匠
		ㄱ	丐司詞
		ㅏ	面昨非
		ㅌ	耳取
T	廿	廿	甘某
		艹	花草苗
		卝	共其
		廾	弄井
		卝	虛聯
		丷	前普立
		业	業益血
U	山	山	岑出屈
		凵	凶函目
		し	元電乩
		屮	蛀
		屮	逆芻
V	女	女	汝如妄
		ㄑ	巡玄幻
		ㄥ	互剝巧

字母鍵	倉頡字母	原形及輔助字形	字例
		ㄴ	亡叫繼
		ㄴ	以似民
		ㄴ	鼠獵
		㇈	展衣表
W	田	田	苗略
		口	困因
		毋	母毋每
Y	卜	卜	扑外卡
		⊦	正上卓
		亠	文言市
		冫	冬於
		辶	近造遠

練習 08. 輔助字形練習（一）

請圈出以下輔助字形所屬倉頡字母的正確答案：

1. 　丶　　A. 中　　B. 戈　　C. 人　　D. 卜

2. 　曰　　A. 日　　B. 口　　C. 田　　D. 月

3. 　丨　　A. 一　　B. 弓　　C. 卜　　D. 中

4. 　厶　　A. 弓　　B. 人　　C. 卜　　D. 戈

5. 　乚　　A. 山　　B. 女　　C. 中　　D. 弓

6. 　夕　　A. 田　　B. 日　　C. 月　　D. 尸

7. 　亠　　A. 戈　　B. 一　　C. 尸　　D. 卜

8. 　厂　　A. 一　　B. 人　　C. 尸　　D. 竹

9. 　丷　　A. 卜　　B. 廿　　C. 土　　D. 心

10. 　丹　　A. 口　　B. 廿　　C. 田　　D. 日

11. 　乙　　A. 山　　B. 女　　C. 卜　　D. 一

12. 　匕　　A. 卜　　B. 心　　C. 山　　D. 中

13. 　ナ　　A. 一　　B. 大　　C. 木　　D. 火

14. 　丿　　A. 山　　B. 一　　C. 卜　　D. 竹

15. ⼅　　A. 女　　B. 弓　　C. 人　　D. 水

16. ⼨　　A. 中　　B. 十　　C. 弓　　D. 木

17. ⼍　　A. 月　　B. 山　　C. 弓　　D. 十

18. ⼧　　A. 月　　B. 卜　　C. 十　　D. 大

19. ⼚　　A. 竹　　B. 尸　　C. 一　　D. 口

20. ⼯　　A. 手　　B. 一　　C. 日　　D. 土

21. ⼅　　A. 心　　B. 弓　　C. 十　　D. 尸

22. ⺅　　A. 竹　　B. 中　　C. 人　　D. 卜

23. ⼐　　A. 田　　B. 山　　C. 口　　D. 廿

24. 亅　　A. 中　　B. 卜　　C. 弓　　D. 尸

25. ⺍　　A. 戈　　B. 火　　C. 水　　D. 金

26. 辶　　A. 人　　B. 水　　C. 卜　　D. 一

27. ⺿　　A. 一　　B. 中　　C. 廿　　D. 十

28. 士　　A. 土　　B. 廿　　C. 手　　D. 十

29. 广　　A. 卜　　B. 戈　　C. 一　　D. 竹

練習 09. 輔助字形練習（二）

請圈出以下輔助字形所屬倉頡字母的正確答案：

1. 小　　A. 弓　　B. 心　　C. 火　　D. 水

2. ㇀　　A. 心　　B. 女　　C. 十　　D. 戈

3. ⺀　　A. 竹　　B. 心　　C. 卜　　D. 戈

4. ㇀　　A. 竹　　B. 女　　C. 人　　D. 卜

5. 小　　A. 心　　B. 戈　　C. 火　　D. 金

6. ㄙ　　A. 人　　B. 竹　　C. 月　　D. 弓

7. 又　　A. 大　　B. 人　　C. 水　　D. 木

8. 牛　　A. 手　　B. 十　　C. 中　　D. 土

9. 丰　　A. 木　　B. 土　　C. 十　　D. 手

10. ㇔　　A. 竹　　B. 戈　　C. 金　　D. 人

11. 勹　　A. 月　　B. 竹　　C. 尸　　D. 心

12. ㅌ　　A. 日　　B. 尸　　C. 手　　D. 月

13. 衤　　A. 手　　B. 中　　C. 木　　D. 十

小學生學倉頡字母

練習 10. 輔助字形字例練習（一）

請就以下倉頡字母或輔助字形多舉出兩個字例：

1. ㇇ 九氣 ＿＿＿ ＿＿＿
2. ㇏ 入尺 ＿＿＿ ＿＿＿
3. 一 三天示 ＿＿＿ ＿＿＿
4. 乜 也世 ＿＿＿ ＿＿＿
5. ㇄ 亡叫 ＿＿＿ ＿＿＿
6. 勹 夕久 ＿＿＿ ＿＿＿
7. 寸 寸侍 ＿＿＿ ＿＿＿
8. ㄅ 丐詞 ＿＿＿ ＿＿＿
9. 乚 互剝 ＿＿＿ ＿＿＿
10. 入 今合 ＿＿＿ ＿＿＿
11. ㇄ 元電 ＿＿＿ ＿＿＿
12. 八 公父 ＿＿＿ ＿＿＿
13. 聿 事書 ＿＿＿ ＿＿＿
14. 小 少示 ＿＿＿ ＿＿＿
15. 罒 巴象 ＿＿＿ ＿＿＿
16. 又 支叉 ＿＿＿ ＿＿＿
17. ㄨ 文狗 ＿＿＿ ＿＿＿
18. 亠 文言 ＿＿＿ ＿＿＿

19. ㄆ 欠你 ＿＿＿ ＿＿＿
20. 目 且目 ＿＿＿ ＿＿＿
21. ㄴ 以民 ＿＿＿ ＿＿＿
22. 七 代低 ＿＿＿ ＿＿＿
23. 匕 北乖 ＿＿＿ ＿＿＿
24. 勹 句包 ＿＿＿ ＿＿＿
25. 卜 扑外 ＿＿＿ ＿＿＿
26. 卜 正上 ＿＿＿ ＿＿＿
27. 丿 白八 ＿＿＿ ＿＿＿
28. 冂 同南 ＿＿＿ ＿＿＿
29. 宀 安家 ＿＿＿ ＿＿＿
30. 忄 忙怡 ＿＿＿ ＿＿＿

練習 11. 輔助字形字例練習（二）

請就以下倉頡字母或輔助字形多舉出兩個字例：

1.	扌	扣把	_____ _____		19.	火	炎伙	_____ _____
2.	女	汝如	_____ _____		20.	艹	花草	_____ _____
3.	工	江左	_____ _____		21.	辶	近造	_____ _____
4.	氵	江河	_____ _____		22.	⺤	采妥	_____ _____
5.	亅	行丁	_____ _____		23.	丷	前普	_____ _____
6.	亻	佔仁	_____ _____		24.	夫	春失	_____ _____
7.	口	呂管	_____ _____		25.	礻	衫裡	_____ _____
8.	囗	困因	_____ _____		26.	卜	面昨	_____ _____
9.	山	岑出	_____ _____		27.	厂	頁石	_____ _____
10.	广	床序	_____ _____		28.	𠃌	展衣	_____ _____
11.	𠂉	每收	_____ _____		29.	小	添慕	_____ _____
12.	氺	求泰	_____ _____		30.	木	森林	_____ _____
13.	巜	巡玄	_____ _____		31.	竹	答笛	_____ _____
14.	土	坦地	_____ _____		32.	灬	黑杰	_____ _____
15.	尐	尚半	_____ _____		33.	业	業益	_____ _____
16.	戈	或成	_____ _____					
17.	日	明昭	_____ _____					
18.	月	朋有	_____ _____					

練習 12. 輔助字形字例練習（三）

請就以下倉頡字母或輔助字形多舉出一個字例：

1. 　⁀	了	＿＿	19. 士	吉	＿＿
2. 乙	凡	＿＿	20. 牛	年	＿＿
3. 力	也	＿＿	21. 大	有	＿＿
4. 一	川	＿＿	22. 王	耳	＿＿
5. 个	不	＿＿	23. 人	肉	＿＿
6. 入	內	＿＿	24. 中	串	＿＿
7. 凵	凶	＿＿	25. 厂	兵	＿＿
8. 厂	反	＿＿	26. 尸	尿	＿＿
9. 十	支	＿＿	27. 廾	弄	＿＿
10. 丶	犬	＿＿	28. 丷	弟	＿＿
11. 氵	冬	＿＿	29. 毋	事	＿＿
12. 儿	四	＿＿	30. 大	奇	＿＿
13. コ	巨	＿＿	31. 曰	冒	＿＿
14. 屮	母	＿＿	32. 水	泉	＿＿
15. 廿	甘	＿＿	33. 田	苗	＿＿
16. 〱	兆	＿＿	34. 厂	原	＿＿
17. 屮	共	＿＿	35. 手	拿	＿＿
18. 匸	匡	＿＿	36. 疒	疾	＿＿

37. 金　針　____
38. 弓　強　____
39. 丰　責　____
40. 夕　然　____
41. 屮　虛　____

42. 冂　奧　____
43. ㇈　鼠　____
44. 心　蕊　____
45. 氺　屬　____
46. 小　變　____

Day7

小測考 （二）

　　請幫以下這段文字中的每個字都找出內含的其中兩個倉頡字母或輔助字形：

《賣 _____ 火 _____ 柴 _____ 的 _____ 女 _____ 孩 _____ 》丹 _____

麥 _____ 的 _____ 冬 _____ 天 _____ 十 _____ 分 _____ 寒 _____

冷 _____ ，家 _____ 境 _____ 貧 _____ 寒 _____ 的 _____ 小

蓮 _____ 要 _____ 渡 _____ 過 _____ 寒 _____ 冬 _____ 是 _____ 很 _____

辛 _____ 苦 _____ 的 _____ 。小 _____ 蓮 _____ 今 _____ 年 _____

十 _____ 歲 _____ ，因 _____ 為 _____ 家 _____ 裡 _____ 太 _____

窮 _____ ，所 _____ 以 _____ 不 _____ 能 _____ 上 _____ 學 _____

讀 _____ 書 _____ 。

　　在做此練習的過程中，可以計算所花的時間，然後反覆做類似的練習，以熟悉倉頡字母和輔助字形。同學可以在課本中隨便找其他類似長度的段落來做這個測試，看看有否進步。

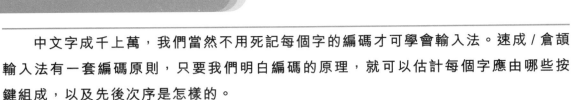

第 3 周
學習速成取碼原則

小學生學速成

中文字成千上萬,我們當然不用死記每個字的編碼才可學會輸入法。速成 / 倉頡輸入法有一套編碼原則,只要我們明白編碼的原理,就可以估計每個字應由哪些按鍵組成,以及先後次序是怎樣的。

Day1-2
基本取碼原則

速成 / 倉頡輸入法的編碼原理 / 取碼原則(或稱為「取碼順序」),就是指我們應由文字哪個部分開始取碼。

其實,基本取碼原則中的取碼順序大致和我們平時書寫的習慣相似(所以要先學好筆順),包括以下三種:

1. 先上後下

字例	速成碼	倉頡字母	倉頡取碼次序
昌	日日	日日 (AA)	昌 昌
呂	口口	口竹口 (RHR)	呂 呂 呂
草	廿十	廿日十 (TAJ)	草 草 草
榮	火木	火火月木 (FFBD)	榮 榮 榮 榮

2. 先左後右

字例	速成碼	倉頡字母	倉頡取碼次序
明	日月	日月 (AB)	明 明
州	戈中	戈中戈中 (ILIL)	州 州 州 州
湖	水月	水十口月 (EJRB)	湖 湖 湖 湖
鄭	廿中	廿大弓中 (TKNL)	鄭 鄭 鄭 鄭

3. 先外後內

　　先外後內雖然符合平時的書寫習慣，但要留意倉頡的先外後內是指把外圍字形全部寫完，才寫裏面的字，並不完全符合「先進去，後關門」（見第 7 頁）的筆順原則。例如，按筆順原則，「國」字的最底一橫最後寫，但速成 / 倉頡的取碼次序則是寫完「口」後，才寫「或」。

字例	速成碼	倉頡字母	倉頡取碼次序
同	月口	月一口 (BMR)	同 同 同
園	田女	田土口女 (WGRV)	園 園 園 園
國	田一	田戈口一 (WIRM)	國 國 國 國
達	卜手	卜土廿手 (YGTQ)	達 達 達 達

不跟筆順的例子

　　先上後下、先左後右和先外後內是速成 / 倉頡基本的取碼順序，也大致符合筆順的其中三個規則。然而，除此以外的筆順規則（見第 6 頁）倉頡取碼時並不一定跟從，反而為了遷就這三個基本的取碼順序，取碼時常有不跟中文書寫筆順的例子，這是初學者需要特別注意的地方。

字例	倉頡取碼次序	書寫筆順	不跟筆順的原因
子	子 子	子 子	遷就先上後下
田	田 田	田 田 田	遷就先外後內
伸	伸 伸 伸 伸	伸 伸 伸	遷就先上後下
犬	犬 犬	犬 犬	遷就先上後下
或	或 或 或	或 或 或	遷就先外後內
更	更 更 更 更	更 更 更	遷就先上後下
匈	匈 匈 匈	匈 匈 匈	遷就先外後內

練習 13. 簡單取碼練習

以下的練習可以直接在紙上寫下速成碼，然後核對書後的答案；也可以開啟文書軟件和速成輸入法，用想到的拆碼試試能否輸入有關文字。

13.1 請找出以下先上後下字例的速成碼：

1. 先 _____   2. 吉 _____   3. 呂 _____   4. 告 _____

5. 旱 _____   6. 昌 _____   7. 想 _____   8. 榮 _____

9. 碧 _____   10. 慧 _____   11. 麗 _____   12. 寶 _____

13. 蘿 _____   14. 思 _____   15. 黃 _____   16. 表 _____

13.2 請找出以下先左後右字例的速成碼：

1. 幼 _____   2. 明 _____   3. 彬 _____   4. 梯 _____

5. 淤 _____   6. 湖 _____   7. 稅 _____   8. 話 _____

9. 漪 _____   10. 鄭 _____   11. 樹 _____   12. 錯 _____

13. 體 _____   14. 肚 _____   15. 銷 _____   16. 講 _____

13.3 請找出以下先外後內字例的速成碼：

1. 勾 _____   2. 勿 _____   3. 司 _____   4. 因 _____

5. 回 _____   6. 囪 _____   7. 岡 _____   8. 國 _____

9. 圓 _____   10. 達 _____   11. 閣 _____   12. 用 _____

小學生學速成

練習 14. 綜合取碼練習

請找出以下字例的取碼原則並寫出速成碼（速成碼部分可以在電腦鍵入拆碼試試）：

	取碼原則	速成碼			取碼原則	速成碼
1. 凶	先外後內	＿＿＿	11. 技	＿＿＿	＿＿＿
2. 吉	＿＿＿	＿＿＿	12. 享	＿＿＿	＿＿＿
3. 同	＿＿＿	＿＿＿	13. 佩	＿＿＿	＿＿＿
4. 各	＿＿＿	＿＿＿	14. 周	＿＿＿	＿＿＿
5. 合	＿＿＿	＿＿＿	15. 固	＿＿＿	＿＿＿
6. 回	＿＿＿	＿＿＿	16. 孟	＿＿＿	＿＿＿
7. 吳	＿＿＿	＿＿＿	17. 忠	＿＿＿	＿＿＿
8. 告	＿＿＿	＿＿＿	18. 明	＿＿＿	＿＿＿
9. 宏	＿＿＿	＿＿＿	19. 林	＿＿＿	＿＿＿
10. 忘	＿＿＿	＿＿＿	20. 多	＿＿＿	＿＿＿

小學生學速成

Day3

精簡取碼原則

　　大家開始用速成／倉頡輸入法，不久就會發現有些字有超過一種的取碼方法，還會發現以不同的輔助字形組合都是合理，也不違反基本取碼原則。舉例來說，「王」可以拆為「一十一」和「一土」，那麼我們要如何選擇呢？

　　速成／倉頡輸入法有個精簡原則，即當一個字擁有多種拆碼組合時，就以字碼數最少者為正確，也就是説，「王」字應拆為兩碼的「一土」，而非三碼的「一十一」。

以精簡原則拆碼示範

字例	正確取碼	拆碼示範	錯誤取碼
句	心口 (PR)	句 句	竹尸口 (HSR)
穴	十金 (JC)	穴 穴	戈月金 (IBC)
共	廿金 (TC)	共 共	廿一金 (TMC)
王	一土 (MG)	王 王	一十一 (MJM)
乞	人弓 (ON)	乞 乞	人弓山 (ONU)

練習 15. 精簡原則拆碼練習

　　請在電腦中輸入以下文字或寫出正確速成碼（請留意以下字例並非全部要採用精簡原則）：

1. 共 _____

2. 步 _____

3. 求 _____

4. 匈 _____

5. 字 _____

6. 光 _____

7. 羊 _____

8. 豆 _____

9. 草 _____

10. 吏 _____

11. 耳 _____

12. 自 _____

Day4-5

取碼完整（先繁後簡）原則

這是處理精簡原則的問題，即當一個字有多種的取碼方法，而且不同取碼的碼數相等時，用精簡原則也解決不了問題，那麼要怎樣做呢？

答案是，我們必須依順序先取較繁複完整的字碼（即佔筆劃較多的倉頡字母 / 輔助字形），再取較簡單的字碼。

舉例來說，「青」字可以拆為「手一月」或「十土月」，但「手」是比「十」較多筆劃的倉頡字母 / 輔助字形，所取的部分更多；而且「手」也比後面的「一」繁複，因此「手一月」才是正確的取碼順序。

以取碼完整（先繁後簡）原則拆碼示範

字例	正確取碼	拆碼示範	錯誤取碼
青	手一月 (QMB)	青青青	十土月 (JGB)
夫	手人 (QO)	夫夫	十大 (JK)
民	口女心 (RVP)	民民民	尸女心 (SVP)
彗	手十尸一 (QJSM)	彗彗彗彗	十手尸一 (JQSM)
生	竹手一 (HQM)	生生生	竹一土 (HMG)
彩	月木竹竹竹 (BDHHH)	彩彩彩彩彩	竹木竹竹竹 (HDHHH)

練習 16. 先繁後簡拆碼練習

請在電腦中輸入以下文字或寫出正確速成碼（以下字例全部要採用先繁後簡原則）：

1. 尾 _____
2. 拜 _____
3. 星 _____
4. 洗 _____
5. 牲 _____
6. 胞 _____
7. 差 _____

8. 砲 _____
9. 秩 _____
10. 耘 _____
11. 耕 _____
12. 假 _____
13. 烽 _____
14. 責 _____

15. 報 _____
16. 晴 _____
17. 漢 _____
18. 蝦 _____
19. 鋒 _____
20. 艱 _____
21. 喪 _____

保持原字形特徵原則

取碼應用到完整原則時，要注意不可破壞字形的特徵，有兩點要留意：

1. 取碼遇到重疊字碼時，盡量不取重疊的字碼，而是在兩個字碼相接之處分割取碼，例如「申」字其實是「十」和「口」的重疊，取碼為「十口」也符合精簡和取碼完整原則，但破壞了字形的特徵，所以採用「中田中」才正確的。

2. 分割字碼時不要在筆劃的轉角處分割。例如「之」字若取「卜竹人」，則會將上方的橫和撇分割，破壞了字形的特徵，所以正確的取碼是「戈弓人」。

訂立保持原字形特徵原則的目的，是維護速成 / 倉頡以最直觀方式來取碼的做法，這樣才能在毋須思考的情況下，快速地拆碼。

不取重疊字碼範例

字例	正確取碼	拆碼示範	錯誤取碼
更	一中田大 (MLWK)	更更更更	一十口大 (MJRK)
伸	人中田中 (OLWL)	伸伸伸伸	人十口 (OJR)
吏	十中大 (JLK)	吏吏吏	十日十 (JAJ)

不在筆劃轉角處分割範例

字例	正確取碼	拆碼示範	錯誤取碼
永	戈弓水 (INE)	永永永	戈一水 (IME)
力	大尸 (KS)	力力	大弓 (KN)
九	大弓 (KN)	九九	大山 (KU)
又	弓大 (NK)	又又	一大 (MK)

練習 17. 保持原字形特徵拆碼練習

請在電腦中輸入以下文字或寫出正確速成碼：

1. 巧 _____

2. 申 _____

3. 者 _____

4. 丐 _____

5. 牙 _____

6. 目 _____

7. 艮 _____

8. 奄 _____

9. 氓 _____

10. 育 _____

11. 弟 _____

12. 冉 _____

13. 曲 _____

14. 庸 _____

15. 之 _____

小測考 （三）

下列的詞語含有大量符合精簡原則、先繁後簡和保持原字形特徵原則的文字，請試試在電腦中輸入：

九十　力士　又一城　乞丐　之後　丈夫　牙齒　大王　句號　剛巧　民主　永遠　申報

洞穴　共同　匈奴　官吏　文字　綿羊　伸展　尾巴　看更　豆芽　流氓　行者　青菜

拜服　星星　洗衣　牡口　胞兄　差異　砲火　秩序　耕耘　草地　假設　彗星　彩雲

烽火　海豚　責備　報紙　晴朗　漢語　智慧　魚蝦　鋒利　艱難

Day6-7
速成取碼的例外情況

1. 輔助字形為完整中文字

大部分倉頡字母的輔助字形都不是完整的中文字,但以下幾個是例外的:

又(E)、土(G)、工(M)、乙(N)、七(P)

用速成或倉頡打這 5 個字時,不能只按一個碼,而要以首尾兩個碼鍵入。

字例	取碼
又	弓大 (NK)
土	十一 (JM)
工	一一 (MM)
乙	弓山 (NU)
七	十山 (JU)

2. 認識難字

速成及倉頡輸入法把少量字形繁複、不易依取碼規則取碼的中文字定為難字,難字在下一章學習倉頡輸入法時會詳細討論,用速成可先記右表這些例子就夠了。

難字	取碼
臼	竹難 (HX)
肅	中難 (LX)
齊	卜難 (YX)
蕭	廿難 (TX)
擠	手難 (QX)

3. 特殊字(貫穿字)

倉頡輸入法裏有 5 個中文字被定義為特殊字(或稱為「貫穿字」):木、大、火、土、七。

當這些字和其他字形組合在一起時,特殊字都只有一個碼,並要先取這些特殊字的碼,然後才取其餘的字形。而特殊字組成的字像連體字一樣,最多只可取 3 個碼。

特殊字(貫穿字)範例

特殊字	範例	倉頡字母	取碼示範
木	束	木中 (DL)	束束
大	夷	大弓 (KN)	夷夷
火	卷	火手尸山 (FQSU)	卷卷卷卷
土	再	一土月 (MGB)	再再再
七	世	心廿 (PT)	世世

練習 18. 特殊字練習

請在電腦中輸入以下特殊字例或寫出速成碼：

1. 也 ＿＿＿＿＿

2. 巾 ＿＿＿＿＿

3. 屯 ＿＿＿＿＿

4. 冉 ＿＿＿＿＿

5. 末 ＿＿＿＿＿

6. 夾 ＿＿＿＿＿

7. 卷 ＿＿＿＿＿

8. 東 ＿＿＿＿＿

9. 俠 ＿＿＿＿＿

10. 束 ＿＿＿＿＿

11. 拳 ＿＿＿＿＿

12. 脊 ＿＿＿＿＿

13. 爽 ＿＿＿＿＿

14. 喪 ＿＿＿＿＿

15. 棟 ＿＿＿＿＿

16. 策 ＿＿＿＿＿

17. 農 ＿＿＿＿＿

18. 頓 ＿＿＿＿＿

19. 噩 ＿＿＿＿＿

20. 鍊 ＿＿＿＿＿

21. 鱷 ＿＿＿＿＿

第4周

學習倉頡取碼原則

速成輸入法的取碼原則和倉頡是一樣的，所不同的只是速成只取頭尾兩碼、倉頡則取全部編碼，所以上一章討論的所有取碼原則在倉頡中都適用。相反，這一章的原則對速成來說雖也適用，但只學速成的同學則未必要全部深入研究，但認識一下也可應付更多例外情況。

此外，對於倉頡輸入法來說，前文討論的基本取碼原則並不能解決所有問題，由於中文字實在太多，常會出現例外或混淆的情況，本章的原則就可解決這些問題。

小學生學倉頡

Day1

認識連體字、分體字、字首和字身

倉頡輸入法把中文字分為連體字（或「整體字」）和分體字（或「組合字」）兩種。連體字即筆劃大致連在一起的字，例如：王、車、真、為、業、求；而分體字則是明顯可以分為兩部分或三部分的字。大部分的中文字都是分體字，包括：朋、比、賽、相、輸、遠。

要明白分體字的意思，有個概念首先要清楚，就是要懂得「字首」和「字身」。在倉頡輸入法中，「字首」和「部首」並不一樣，「字首」是以字的視覺外觀分辨，而非以字義來定義，凡是可從縱向或橫向明顯分離的中文字，其「最左側」或「最上方」的部分稱做字首，而其餘的部分就全都是「字身」。舉例來說，「晴」字的字首是「日」，和部首一樣；但「郤」字的字首是「谷」，而非它的部首阝。

練習 19. 分辨字首和字身

請寫下以下字的字首和字身：

	字首	字身			字首	字身			字首	字身
1. 保	____	____		7. 魁	____	____		13. 間	____	____
2. 緒	____	____		8. 爬	____	____		14. 匍	____	____
3. 肌	____	____		9. 旭	____	____		15. 修	____	____
4. 菜	____	____		10. 武	____	____		16. 州	____	____
5. 匙	____	____		11. 震	____	____		17. 基	____	____
6. 起	____	____		12. 學	____	____		18. 照	____	____

連體字和分體字的取碼方法

上文提及，分體字有兩種，可分為兩部分的分體字和可分為三部分的分體字。分為兩部分的分體字，如朋、吉，包括字首（月、士）和字身（月、口）兩部分；分為三部分的分體字，如轟、蓮，則分為字首（車、廿）、次字首（車、之）和字身（車、車）三部分。

連體字和分體字的分別

連體字的取碼原則是最多只取 4 碼；而分體字最多可取 5 碼。換句話說，倉頡碼最多也只有 5 碼，所有字最多按 5 個鍵（加空格棒）就可以輸入。

分類	特點	範例	最多	取碼次序
連體字	大致連在一起	車、真、為、業、求	4 碼	一、二、三、尾
分體字	分開兩部分的分體字	比、相、遠	5 碼	字首：首、尾
				字身：首、次、尾
	分開三部分的分體字	賽、輸、轟、蓮	5 碼	次字首：首、尾
				字身：尾

雖然中文的筆劃有多有少，而且相差甚遠，但我們用倉頡輸入時，不用把全字的所有部分都輸入，只需在連體字的情況下，輸入第一、二、三和最後一個碼（尾碼）就可以了。而在分體字的情況下，若是兩部分的分體字，只需輸入字首的首、尾和字身的首、次、尾碼；若是三部分的分體字，則只需輸入字首的首、尾；次字首的首、尾碼和字身的尾碼就可以了。

此外，在三部分的分體字中，若次字首只有一碼，就當兩部分處理。而多於三部分的字也當作三部分看待。

第 4 周
學習倉頡取碼原則

小學生學倉頡

連體字的取碼範例

字例	倉頡碼	拆碼圖
巴	日山 (AU)	巴 巴
片	中中一中 (LLML)	片 片 片 片
牙	一女木竹 (MVDH)	牙 牙 牙 牙
世	心廿 (PT)	世 世
且	月一 (BM)	且 且
充	卜戈竹山 (YIHU)	充 充 充 充

兩部分分體字取碼範例

字例	倉頡碼	拆碼圖
忠	中心 (LP)	忠 忠
明	日月 (AB)	明 明
忘	卜女心 (YVP)	忘 忘 忘
佩	人竹弓月 (OHNB)	佩 佩 佩 佩
周	月土口 (BGR)	周 周 周
固	田十口 (WJR)	固 固 固
孟	弓木月廿 (NDBT)	孟 孟 孟 孟

三部分分體字取碼範例

字例	倉頡碼	拆碼圖
腳	月金口中 (BCRL)	腳腳腳腳
尋	尸一一口戈 (SMMRI)	尋尋尋尋尋
嵐	山竹尸戈 (UHNI)	嵐嵐嵐嵐
潮	水十十月 (EJJB)	潮潮潮潮
募	廿日大尸 (TAKS)	募募募募
意	卜廿日心 (YTAP)	意意意意
贏	卜口月月弓 (YRBBN)	贏贏贏贏贏

練習 20. 連體字拆碼練習（一）

　　請試做以下連體字的倉頡拆碼：（可以直接在紙上寫下倉頡碼，然後核對書後的答案；也可以開啟文書軟件和倉頡輸入法，用想到的拆碼試試能否輸入有關文字。）

1. 刀 ＿＿＿＿＿

2. 上 ＿＿＿＿＿

3. 于 ＿＿＿＿＿

4. 夕 ＿＿＿＿＿

5. 尹 ＿＿＿＿＿

6. 五 ＿＿＿＿＿

7. 天 ＿＿＿＿＿

8. 尤 ＿＿＿＿＿

9. 半 ＿＿＿＿＿

10. 卡 ＿＿＿＿＿

11. 占 ＿＿＿＿＿

12. 史 ＿＿＿＿＿

13. 四 ＿＿＿＿＿

14. 失 ＿＿＿＿＿

15. 正 ＿＿＿＿＿

16. 玄 ＿＿＿＿＿

17. 申 ＿＿＿＿＿

18. 目 ＿＿＿＿＿

第 4 周
學習倉頡取碼原則

小學生學倉頡

練習 21. 連體字拆碼練習（二）

請試做以下連體字的倉頡拆碼：（可以直接在紙上寫下倉頡碼，然後核對書後的答案；也可以開啟文書軟件和倉頡輸入法，用想到的拆碼試試能否輸入有關文字。）

1. 矛 _____

2. 光 _____

3. 吏 _____

4. 羊 _____

5. 耳 _____

6. 自 _____

7. 色 _____

8. 步 _____

9. 求 _____

10. 甬 _____

11. 良 _____

12. 見 _____

13. 角 _____

14. 貝 _____

15. 足 _____

16. 車 _____

17. 事 _____

18. 央 _____

練習 22. 連體字拆碼練習（三）

請試做以下連體字的倉頡拆碼：（可以直接在紙上寫下倉頡碼，然後核對書後的答案；也可以開啟文書軟件和倉頡輸入法，用想到的拆碼試試能否輸入有關文字。）

1. 亞 _____

2. 典 _____

3. 妻 _____

4. 長 _____

5. 雨 _____

6. 垂 _____

7. 甚 _____

8. 貞 _____

9. 重 _____

10. 革 _____

11. 島 _____

12. 烏 _____

13. 馬 _____

14. 焉 _____

15. 鳥 _____

16. 業 _____

17. 爾 _____

18. 叢 _____

練習 23. 分體字字首練習

請辨別以下字例是兩部分分體字還是三部分分體字,並寫下字首:

辨別兩部分 / 三部分	字首		辨別兩部分 / 三部分	字首
1. 糙　<u>三部分</u>	＿＿＿		10. 藉　＿＿＿	＿＿＿
2. 臉　＿＿＿	＿＿＿		11. 議　＿＿＿	＿＿＿
3. 薛　＿＿＿	＿＿＿		12. 屬　＿＿＿	＿＿＿
4. 襄　＿＿＿	＿＿＿		13. 灌　＿＿＿	＿＿＿
5. 謝　＿＿＿	＿＿＿		14. 響　＿＿＿	＿＿＿
6. 鍾　＿＿＿	＿＿＿		15. 灑　＿＿＿	＿＿＿
7. 韓　＿＿＿	＿＿＿		16. 顯　＿＿＿	＿＿＿
8. 禮　＿＿＿	＿＿＿		17. 鱗　＿＿＿	＿＿＿
9. 聶　＿＿＿	＿＿＿		18. 茅　＿＿＿	＿＿＿

練習 24. 兩部分分體字拆碼練習

請寫出以下兩部分分體字字例的倉頡碼：（可以直接在紙上寫下倉頡碼，然後核對書後的答案；也可以開啟文書軟件和倉頡輸入法，用想到的拆碼試試能否輸入有關文字。）

1. 吉 _____
2. 同 _____
3. 各 _____
4. 合 _____
5. 回 _____
6. 告 _____
7. 宏 _____
8. 忘 _____
9. 技 _____

10. 林 _____
11. 信 _____
12. 後 _____
13. 特 _____
14. 派 _____
15. 皇 _____
16. 秋 _____
17. 致 _____
18. 風 _____

19. 徐 _____
20. 浪 _____
21. 能 _____
22. 區 _____
23. 售 _____
24. 國 _____
25. 彩 _____
26. 理 _____
27. 的 _____

練習 25. 三部分分體字拆碼練習

請寫出以下三部分分體字字例的倉頡碼：（可以直接在紙上寫下倉頡碼，然後核對書後的答案；也可以開啟文書軟件和倉頡輸入法，用想到的拆碼試試能否輸入有關文字。）

1. 澈 _____
2. 蒼 _____
3. 蜘 _____
4. 慧 _____

5. 養 _____
6. 器 _____
7. 樹 _____
8. 糙 _____

9. 襄 _____
10. 謝 _____
11. 矗 _____
12. 影 _____

Day4

包含省略原則

連體字和分體字的取碼原則中，無論是字首還是字身，當取碼的總數超過規定的數量時（即連體字最多 4 個碼，分體字最多 5 個碼），中間部分將被省略。而這種做法在一種情況下則例外：當字的尾碼（包括字首、次字首或字身的最後一碼）被其他字碼三面或四面包圍時，則所取的尾碼改為該外圍字形，而非真正的最後一個碼，這名為「包含省略原則」。

有關包含省略的字形包括：

口、冂、匚、廿、乃、几、瓦、夕、凵、勹

舉例來說，「耐」字的字首「而」字的取首尾碼本來是「一中」，但「｜」豎劃被包含在冂之內，於是字首「而」字的首尾碼變為「一月」。這樣做的好處是，你可以不用理會被包着的是甚麼東西，就算裏面的筆劃很複雜，也可以一眼就判斷到如何取碼。

包含省略的字形範例

字形	字例	正確取碼	取碼示範	錯誤取碼
冂	痛	大弓戈月 (KNIB)	痛痛痛痛	大弓戈手 (KNIQ)
乀	恐	一弓心 (MNP)	恐恐恐	一十心 (MJP)
夕	死	一弓心 (MNP)	死死死	一戈心 (MIP)
口	總	女火竹田心 (VFHWP)	總總總總總	女火竹大心 (VFHKP)
勹	喝	口日心女 (RAPV)	喝喝喝喝	口日心人 (RAPO)
凵	齡	卜山人戈戈 (YUOII)	齡齡齡齡齡	卜人人戈戈 (YOOII)

但要留意，包含省略原則只適用於字首、次字首或字身的尾碼被包圍的情況，而不適用於在其他地方出現的字碼被三面或四面包圍的情況。

此外，若採用了包含省略原則後，全字的碼數不足 4 個時，也不可用包含省略，例如右表。

字例	取碼
酉	一金田一 (MCWM)
面	一田卜中 (MWYL)

練習 26. 包含省略練習（一）

請在電腦中輸入以下文字或寫出正確倉頡碼：

1. 盈 _____

2. 耐 _____

3. 夠 _____

4. 船 _____

5. 尊 _____

6. 歇 _____

7. 需 _____

8. 藏 _____

9. 風 _____

10. 倫 _____

11. 恐 _____

12. 圖 _____

13. 爹 _____

14. 酒 _____

15. 配 _____

16. 偶 _____

17. 移 _____

18. 通 _____

19. 喝 _____

20. 颱 _____

21. 侈 _____

22. 偏 _____

23. 敏 _____

24. 瓷 _____

25. 曾 _____

26. 雲 _____

27. 搞 _____

28. 腦 _____

29. 解 _____

30. 雷 _____

31. 電 _____

32. 耍 _____

練習 27. 包含省略練習（二）

請填充以下字例的倉頡碼：

1. 孵　＿＿尸中木
2. 滿　戈廿＿＿
3. 酷　＿＿竹土口
4. 輪　十十人＿＿
5. 醇　＿＿卜口木
6. 彌　弓一＿＿
7. 牆　女一土＿＿
8. 蕾　＿＿月田
9. 離　＿＿人土

10. 璽　＿＿一土戈
11. 霧　＿＿弓竹尸
12. 麗　一一＿＿心
13. 獻　＿＿戈大
14. 糯　火木一＿＿
15. 贏　卜口月＿＿
16. 齡　＿＿人戈戈
17. 靈　＿＿口口一
18. 鹼　＿＿人一人

Day5-6

倉頡例外字

　　還記得連體字和分體字嗎？當然要記得，那是拆碼時的基本考慮。但原來除了連體字和分體字外，還有為數不多的中文字被歸類為「例外字」，即既不算連體字，也不算分體字的中文字。

　　例外字有三種，包括複合字、貫穿字和難字。這些字毋須跟從某些基本的取碼原則。貫穿字（特殊字）已在上一章中討論過，這裏集中講解複合字和難字。

複合字

　　倉頡輸入法把 9 個中文字（或字形）定為複合字的目的，是為了避免一些常用字有一樣的取碼順序，或為了避免太多不同的字有同一編碼，減慢了輸入速度。複合字只需要取字的首碼和尾碼，做法和分體字的字首相似。

小學生學倉頡

複合字一覽

字例	正確取碼	拆碼示範
門	日弓 (AN)	門門
鬥	中弓 (LN)	鬥鬥
鬼	竹戈 (HI)	鬼鬼
目	月山 (BU)	目目
虍	卜心 (YP)	虍虍
隹	人土 (OG)	隹隹
阝	弓中 (NL)	阝阝
幾	女戈 (VI)	幾幾
亖	卜口 (YR)	亖亖

上表中的「目」的編碼是「月山」，而非「月一」，是為了避免跟另一個常用字「且」的編碼一樣。

而「亖」採用「卜口」，不採用「卜女口」，是為了讓「贏、嬴、羸、蠃、臝」等字不會出現相同的碼「卜女口月弓」。現在，它們的編碼分別是：贏「卜口月月弓」、嬴「卜口月女弓」、羸「卜口月廿弓」、蠃「卜口月中弓」、臝「卜口月竹弓」，個個字都不一樣。

不過，當這些複合字跟其他字形合成其他中文字時，仍要根據連體字或分體字的規則來取碼。而複合字形本身就有點像分體字的字首，只取首尾兩碼。

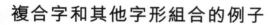

複合字和其他字形組合的例子

字例	例子	正確取碼	拆碼示範
目	見	月山竹山 (BUHU)	見見見見
門	聞	日弓尸十 (ANSJ)	聞聞聞聞
鬥	鬧	中弓卜中月 (LNYLB)	鬧鬧鬧鬧鬧
虍	虎	卜心竹山 (YPHU)	虎虎虎虎
隹	進	卜人土 (YOG)	進進進
阝	隊	弓中廿心人 (NLTPO)	隊隊隊隊隊
幾	幾	女戈竹戈 (VIHI)	幾幾幾幾
言	贏	卜口月月弓 (YRBBN)	贏贏贏贏贏
鬼	魄	竹日竹戈 (HAHI)	魄魄魄魄

練習 28. 複合字練習

請在電腦中輸入以下複合字例或寫出倉頡碼:

1. 自 _____

2. 貝 _____

3. 虎 _____

4. 虐 _____

5. 除 _____

6. 眼 _____

7. 處 _____

8. 都 _____

9. 陳 _____

10. 焦 _____

11. 開 _____

12. 間 _____

13. 閂 _____

14. 睡 _____

15. 翟 _____

16. 蒐 _____

17. 魂 _____

18. 確 _____

19. 鬧 _____

22. 贏 _____

25. 難 _____

20. 魅 _____

23. 機 _____

26. 贏 _____

21. 魄 _____

24. 關 _____

27. 魔 _____

難字

　　在使用倉頡輸入法時，可曾試過發現有些字很難拆碼？（當然試過，而且經常發生！）除了是因為你功夫未到家外，你可能真的遇上了「難字」。倉頡輸入法把一些很難找到合適的倉頡字母或輔助字形的中文字定義為難字，而難字中難以找到倉頡字母或輔助字形的部分以「X」鍵代替。例如「身」的首尾碼很容易想到是「竹竹」，但中間用甚麼輔助字形呢？很難吧！就用「竹難竹」算了。

　　難字有兩種，三碼的難字採用「首難尾」（即首碼 +X+ 尾碼）的取碼方法，而兩碼的難字則採用「首難」（即首碼 +X）的取碼方法。換言之，難字最多只有三碼。另外，難字跟其他字形組合時，也要依據連體字或分體字的規則來取碼。

三碼難字一覽表

難字	倉頡字母	組合例子	倉頡字母
身	竹難竹 (HXH)	謝	卜口竹竹戈 (YRHHI)
黽	口難山 (RXU)	繩	女火口難山 (VFRXU)
鹿	戈難心 (IXP)	麒	戈心廿一金 (IPTMC)
鷹	戈難火 (IXF)	薦	廿戈難火 (TIXF)
兼	廿難金 (TXC)	廉	戈廿難金 (ITXC)
龜	戈難山 (NXU)	—	—
慶	戈難水 (IXE)	—	—
姊	女中難竹 (VLXH)	—	—
淵	水中難中 (ELXL)	—	—

兩碼難字一覽表

難字	倉頡字母	組合例子	倉頡字母
臼	竹難 (HX)	兒	竹難竹山 (HXHU)
		興	竹難月金 (HXBC)
齊	卜難 (YX)	擠	手卜難 (QYX)
肅	中難 (LX)	蕭	廿中難 (TLX)
卍	弓難 (NX)	—	—

練習 29. 難字練習

請在電腦中輸入以下難字組合字例或寫出倉頡碼:

1. 搜 _____
2. 舅 _____
3. 瘦 _____
4. 興 _____
5. 蕭 _____

6. 嶼 _____
7. 賺 _____
8. 蠅 _____
9. 射 _____
10. 躬 _____

11. 滔 _____
12. 躲 _____
13. 劑 _____
14. 濟 _____
15. 叟 _____

小測考 (四)

下列的詞語含有大量各種例外字,請試試在電腦中輸入:

大嶼山　打齋　老虎　自己　見面　貝殼　身體　兒子　到處　姊姊　時間　消閒　除夕
高興　深淵　眼睛　都市　陳舊　鹿茸　幾何　焦急　進退　開始　隊員　搜索　舅父
睡覺　蒼蠅　慶祝　熱鬧　瘦弱　確實　整齊　機會　輸贏　擠迫　賺錢　關係　難度
魔鬼　聽聞

綜合小測考

小測考 （五）：輸入唐詩

開啟文書軟件和倉頡輸入法，試試輸入以下文句：

1.

登 鸛 鵲 樓
白 日 依 山 盡
黃 河 入 海 流
欲 窮 千 里 目
更 上 一 層 樓

2.

登 樂 遊 原
向 晚 意 不 適
驅 車 登 古 原
夕 陽 無 限 好
只 是 近 黃 昏

3.

八 陣 圖
功 蓋 三 分 國
名 成 八 陣 圖
江 流 石 不 轉
遺 恨 失 吞 吳

4.

相 思
紅 豆 生 南 國
春 來 發 幾 枝
勸 君 多 採 擷
此 物 最 相 思

5.

鹿 柴
空 山 不 見 人
但 聞 人 語 響
返 影 入 深 林
復 照 青 苔 上

小測考 （六）：中英混打

開啟文書軟件和倉頡輸入法，試試輸入以下文句（包括英文字母、數字和標點符號）：

在學習心理學上，有兩種記憶力，分別是 Rote memory 和 Elaborated memory。哈佛大學的學習心理學家 Robert Gagne 曾做了一個詞組聯想實驗，首先將參與實驗的學童分為 4 組，其中 3 組要用指定聯想方式去記住不同的生字組合，例如 cow-ball、apple-shoes 等等，而第 4 組則不作任何聯想。研究發現，第 4 組的學童將 cow-ball 字組聯想成一頭牛正在追逐皮球記得最好和最久，而不作出任何聯想的第 4 組學童表現最差！

趣味小測考 （七）：拆碼挑戰站

小黑狗被綁架了！

　　小黑狗是維維去年生日時，爸爸送給他的生日禮物，維維非常喜歡牠，經常形影不離。可是，今天整個上午，維維竟然沒有看到小黑狗的蹤影，令他非常擔心。後來，有人寄了一封信給他，但他看不懂信裏的內容。維維覺得大事不妙，小黑狗可能被人綁架了！！請大家幫維維拆解信裏的字碼，按照信（見下頁）的指示，在下面的地圖上畫出路線，找出小黑狗的下落。

寵物店 🐾　　郵局 ✉️

巴士站 🚌　　超級市場 🛒

公園 🌲　　運動場 🏀

維維的家 🏠

中午十二時三十分，維維收到第一封信。

> 維維：
>
>   NC WGF KHPR OIHQI NN，ONF YTAHU BKF YVP NN OIWMV HQPD。HQBU DOO ONF AMYO M OWJR MF NBUC QMBUC OHG HAPI YG O，HQI MGBUU KLG YFIKU QAU HQPD KPBLB GYO！
>
>   ROMR ROMR......
>
>   VR WD ONF DUP QI MGLN HQPD，SQSF YM MGLN CI WGRV AN R。
>
> 神秘人上

維維到了公園門口，有個小朋友交給他第二封信。

> 維維：
>
>   請你在 J MDM CSH CYTG INO OB 去 AU JM YTYR，MF IMOG YSYQ MGLN！！
>
> 神秘人上

到了巴士站，維維看到第三封信。

> 維維：
>
>   4B 日山 十一 木人人 弓弓，尸手尸火 卜一 卜一 十田十！卜口尸山 人卜土，大中土 竹一弓中 尸尸口 卜廿卜口 一卜 十田十 戈弓人 廿月中弓，一月女一土中弓 十卜月心 竹手心竹竹 戈卜口 田中月山金 大竹心口 火木日一田土。
>
> 神秘人上

到了郵局門口，郵差叔叔把第四封信交給維維。

> 維維：
>
>   卜口手一月 人弓火 大中土 十 一木一 金尸竹 人月 手竹心一 卜土廿手 卜月十田十 竹土大尸 土日一竹，BKF HOVIE KLG YBJJ HGKS GAMH RMPRU M OWJR WFQU。
>
> 神秘人上

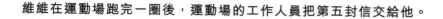

維維在運動場跑完一圈後，運動場的工作人員把第五封信交給他。

維維：

　　跑得好！一火　卜月月口，小黑狗　一火　大中土　卜卜一口　中田土。人弓火　日尸十水　女弓木　卜廿　日戈尸中　田口　十一尸人！

神秘人上

維維看過信後，感到很失望。但是，沒辦法，只好按照神秘人的指示去做。當他回到家門口，爸爸笑着交給他第六封信。

維維：

　　弓金　田土火　大竹心口　人戈弓　日　手竹卜水　卜人土　卜木竹一中　竹日心戈大竹心口　尸一戈土　弓弓！

　　卜口手一月　一土中弓　尸一戈土　竹人女戈水　廿人心　田土口女　竹手月山竹手月山。

神秘人上

想一想

1. 神秘人是誰？

2. 神秘人為甚麼要「綁架」小黑狗？

3. 小黑狗是否真的被綁架了？

概念小測考（八）：分清倉頡字首和中文字部首

請在空格內填上適當的倉頡碼字首和中文字部首：

	倉頡碼字首	中文字部首
晴	日	日
朗	戈	月
颱	竹	
雪	一	
銀	金	
柏	木	
江	水	
炮	火	
地	土	
節	竹	
芽	廿	
稻	竹	
麥	十	
狗	大	
牲	竹	
鴉	一	
鯉	弓	

	倉頡碼字首	中文字部首
蛇	中	
眠	月	
聰	尸	
吐	口	
怕	心	
捉	手	
弦	弓	
裙	中	
開	日	
船	竹	
輔	十	
衝	竹	
起	土	
追	卜	
跨	口	
視	戈	
好	女	

	倉頡碼字首	中文字部首
負	弓	
粉	火	
社	戈	
龍	戈	
馮	戈	
飲	人	
靜	手	
限	弓	
鞋	廿	
那	尸	
豐	山	
豬	豕	
說	卜	
解	弓	
艱	廿	
臭	竹	
畫	聿	

62

	倉頡碼字首	中文字部首
耕	手	
粉	女	
空	十	
短	人	
益	廿	
登	弓	
甜	弓	
皇	白	
爬	竹	
產	卜	
瓷	戈	
玩	一	
率	卜	
爸	金	
版	片	

	倉頡碼字首	中文字部首
氧	人	
此	卜	
民	口	
毫	卜	
段	竹	
死	一	
次	戈	
於	卜	
料	斗	
新	卜	
收	女	
所	戶	
成	戈	
行	竹	
幼	女	

	倉頡碼字首	中文字部首
市	巾	
巴	日	
巢	女	
差	手	
岸	山	
寺	土	
孝	十	
外	弓	
友	大	
分	刀	
加	大	
六	卜	
九	大	

知多一點： 文字演變小知識

漢字的演變

　　漢字有非常悠久的歷史，從最古老的甲骨文演變到我們現在書寫的文字，當中經歷了二千多年的發展，以下介紹漢字的演變，以及各時期字體的特點。

甲骨文→金文→篆書→隸書→草書→楷書→行書

甲骨文

　　甲骨文是古老的漢字，是商朝末年，人們用龜甲（即龜的腹甲）、獸骨（即牛的肩胛骨）進行占卜時所記的文字，這些字又稱為甲骨文辭，或殷墟卜辭。甲骨文是象形文字，仍保留原始繪畫的特色。

金文

　　金文又稱「鐘鼎文」，是商周時代刻鑄在青銅器上的銘文。這些青銅器上常鑄有製器者的族名、私名和祭祀的祖先名字，也有貴族在青銅器上鑄銘文來頌揚君主和祖先的功德。金文的字形也是象形文字。後期的金文字體緊密平穩，字形方闊，非常優美。

篆書

　　篆書是大篆和小篆的統稱，在漢代之前盛行。秦始皇統一中國後，推行統一文字的政策，命丞相李斯把秦國的籀文作刪改，於是形成了小篆。篆書的筆法比較簡單，字體圓潤。

隸書

秦朝時，由於政務繁雜，需要書寫大量文件，於是就出現了隸書。隸書是一種比較便捷易寫的書體，通常由當時的小官吏協助書寫。秦代隸書的特點包括字形扁平，有方折棱角，筆劃有粗有細。

草書

草書在漢朝已出現，是一種筆劃連帶、結構簡約的書體，是為了書寫的方便而產生的。

楷書

楷書是人們學習寫字的經典楷模，它的特色包括線條更平直，字形定型化，筆勢呈長方形狀，向內集中，粗細變化也相對較少。

行書

行書是一種介於草書和楷書之間的書體，初時是為了補救草書難於辨認，以及楷書書寫太慢而產生的。行書的書寫流暢，多連筆、圓轉，是較自由的字體。

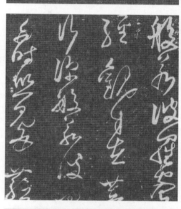

知多一點：　倉頡字碼與甲骨文

倉頡字碼大都有對應的甲骨文或金文，大家不妨欣賞一下及比較異同。

倉頡碼字首	甲骨文
日	日
月	月
火	火
水	水
木	木
金	金
土	土
一	一
手	手
田	田
口	口

倉頡碼字首	甲骨文
卜	卜
山	山
人	人
心	心
竹	竹
十	十
大	大
中	中
女	女
弓	弓

附加二
用 Word 處理和美化文件

知多一點： 文字處理軟件有哪些功能？

我們以前用手、筆和紙來寫字和寫文章，現在用電腦打字，但在電腦螢幕上，如何把字放大、如何將紙（螢幕）拉近來看清楚一些呢？這就是文字處理軟件要提供的功能——使我們用電腦寫文章和用手寫一樣，甚至是更優勝更方便。

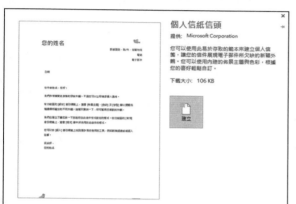

我們也可用文字處理軟件編輯文章。文字處理軟件 WordPad 或 MS Word 等可以處理檔案的文字、字型、拼寫、上下左右的空隙以及頁的長度等等。舉例來說，可以用 MS Word 的信件格式範本來寫一封信給外國的親戚和朋友，再列印出來，信件就會比較整齊美觀。

操作入門： MS Word 的畫面和功能

要開啟 MS Word，可選按「開始」功能表→「Word」。以下介紹 Word 的畫面和常用按鈕的功能，近年來 Word 雖有不同版本，但介面都大同小異。當然，愈新的版本自然有愈多新的功能，如 Word 2019 有內置的翻譯或筆跡繪圖等。

打開 Word 後，會出現不同的文件範本，一般使用者常用的都是新增「空白文件」，將會在第 68 頁詳細介紹其功能。

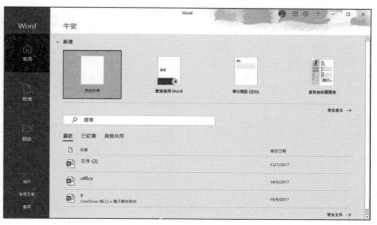

Word 畫面簡介

檔案:開啟、儲存和列印之類的功能。

選單:這裡按種類排列軟件的各項功能。

工具列:這都是常用功能的按鈕,方便我們操作。Word 功能表的每一項之下都會有一批常用按鈕,而「常用」選單之下的按鈕則是一般用戶使用率最高的功能。

邊界:可以調整至適用大小。

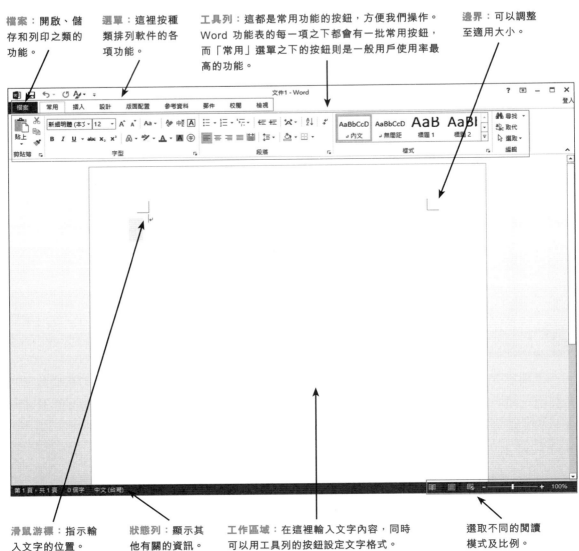

滑鼠游標:指示輸入文字的位置。

狀態列:顯示其他有關的資訊。

工作區域:在這裡輸入文字內容,同時可以用工具列的按鈕設定文字格式。

選取不同的閱讀模式及比例。

工具列上常用按鈕的功能

剪貼簿

貼上 將剪貼簿內的內容新增至文件中

剪下 將選取的範圍移除,並置於剪貼簿內

複製 將選取的範圍置於剪貼簿內

複製格式 選取特定範圍的格式,應用在其他部分

文字

新細明體 (本3 ▼) 選擇文字的字型

AaBbC ↵內文	AaBbC ↵無間距	**AaBb** 標題 1	*AaBbC* 標題 2	**AaBb** 標題	AaBbC 副標題	AaBbC 區別強調	*AaBbC* 強調斜體	AaBbC 鮮明強調	AaBbC 強調組體
				樣式					

將常用的標題、段落及文字格式建立成「樣式」，可以更快速地套用在
文字上或為文件建立目錄

12 ▼ 設定改變字體大小，例如標題可以用較大的字體

A⌃ A⌄ 放大或縮小文字　　　Aa ▼ 大小寫轉換　　　🖌 清除所有格式設定

B 將文字變成粗體　　　　　　　　*I* 將文字變成斜體

U 將文字加上底線　　　　　　　　abc 加刪除線

:≡ ▼ 1≡ ▼ 建立項目符號 / 數字清單　　　x₂ x² 將文字轉為上標或下標

ab ▼ 加上文字提示色彩　　　　　　　A ▼ 改變文字顏色

其他

🔍 尋找 ▼ 在文件內尋找文字或其他內容

ab/ac 取代 在文件內尋找要取代的文字，換上其他內容

對齊功能

≡ 靠左排齊，文字由左至右排列

≡ 置中，文字在工作區域的中央

≡ 靠右排齊，文字由右至左排列

≡ 左右對齊，文字平均分配在邊界中間

⬌ 分散對齊，文字平均分配在邊界中間，最後一句會加額外間距

↕≡ 調整段落行距

操作入門： 設定文字格式

我們來試試輸入文字及怎樣設定文字的格式：

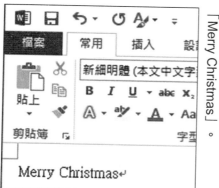

❶ 輸入「聖誕快樂」的英文「Merry Christmas」。

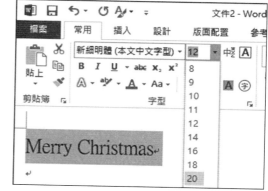

❷ 用滑鼠拖曳選取整段文字，然後在工具列上的「字體」下拉式清單選「20」的字體大小。

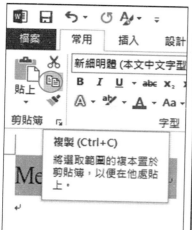

❸ 保留選取整段文字的狀態，按工具列上的「複製」鈕。

❹ 將滑鼠移到第二行的開始位置，然後按工具列上的「貼上」鈕。這時便會將文字內容複製到第二行。

❺ 用滑鼠拖曳來選取第二行的整段文字，然後按工具列上的「斜體」鈕。

❻ 保留選取第二行整段文字的狀態，再按工具列上的「置中」鈕。

❼ 完成後，第二段變成斜體的文字便會放置到文件的中央。

大家可以繼續試試工具列上的其他設定按鈕，看看它們有甚麼不同功能。

操作入門： 儲存和列印文件

儲存檔案

想將輸入的內容保存起來，便要儲存成為檔案。

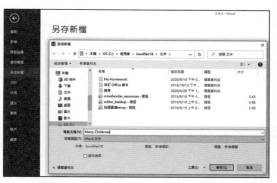

❶ 按功能表的「檔案」→「儲存檔案」，也可以按視窗左上角的「儲存」按鈕 🔲。

❷ 然後在這裡選擇儲存檔案的位置，並輸入檔案名稱。

❸ 可以在「存檔類型」選擇除了 Doc 或純文字檔以外的其他格式，例如 PDF 格式。

列印文件

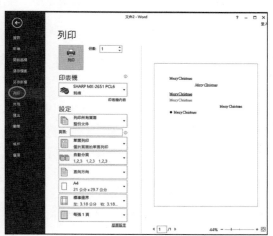

❶ 按「檔案」→「列印」或工具列上的列印按鈕，就可以將檔案內容用印表機列印出來。

❷ 在列印檔案之前，可在功能表的「檔案」→「版面設定」，設定紙張大小等配置。

操作入門： 編輯文章要用哪些工具？

你寫好一篇文章後，通常要做一些編輯的工作，如增刪文字或檢查錯字等，要用哪些工具呢？

複製、剪下和插入

當然，簡單地刪掉文字用鍵盤上的「Delete」或「Backspace」鍵就可以了。而在 Word 中，複製和剪貼文字和圖片是最常做的操作，下面是具體的做法：

1. 在找到一段你想複製的文字並選取以後，可用「剪下」或「複製」按鈕 (下圖) 對其進行剪下或複製。
2. 在要貼上的文件中選擇「貼上」按鈕，文字就被複製到這裡。

貼上按鈕　　　　剪下按鈕　　　　複製按鈕

在你選擇了「剪下」或「複製」以後，被操作的內容到甚麼地方去了呢？它們其實是轉到 Windows 剪貼簿上。剪貼簿是臨時記憶體空間，它運行於你那些打開的程式之間，保存着從別的程式上剪來的文本、照片、音頻和影像片段。在把資料放在剪貼簿上以後，打開接收檔案並選按「貼上」，不論你從別的程式中剪下或複製來的東西是甚麼，它們都將進入接收檔案中。

拼字檢查

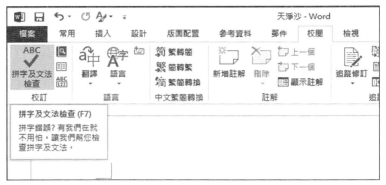

檢查錯字也可以由 Word 為你代勞，你可以按「校閱」→「拼字及文法檢查」鈕檢查中文詞語和英文拼法錯誤，Word 會在有問題字眼下面加波浪形下劃線。

進階應用： 美化文章段落

寫好文章做完編輯工作之後，在列印或傳送給其他人之前，你可能會希望先做一些美化的工序吧？否則一大堆文字看起來不舒服。如左圖所示，是怎樣由原來圖 1 的一大堆文字變成圖 2 美觀的版面呢？

可以這樣做：

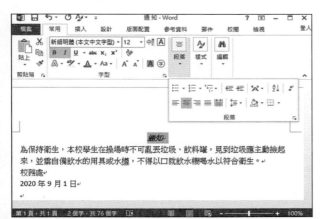

❶ 選取「通知」兩個字後分別按下「粗體」、「斜體」和「置中」按鈕。

❷ 按一下「通知」兩個字下面的那段文字，然後選「常用」→「段落設定」。

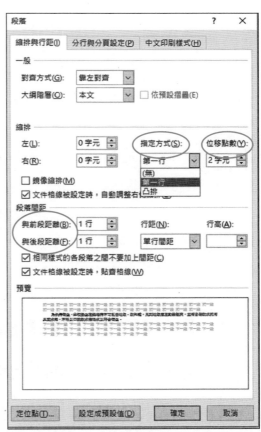

❸ 在「指定方式」選「第一行」，「位移點數」為「2 字元」（即第一行縮入兩格）。「與前段距離」和「與後段距離」分別設為「1 行」。

用 *Word* 處理和美化文件

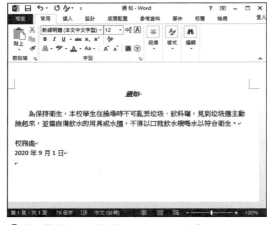

④ 按「確定」後就看到段距變寬了。

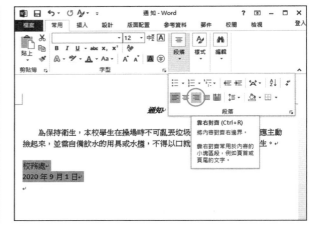

⑤ 選擇最後兩行後按「靠右對齊」鈕就可以了。若有需要可將這兩行的字型縮小 1-2 點。

插入圖像檔案

我們也可以在 Word 插入其他格式的檔案如圖片檔，方法是：按功能表的「插入」→「圖片」→「從檔案」，然後選擇檔案後按「插入」。

香港小學生倉頡字典

　　小學階段要學習的漢字約為二三千個，這個識字量在閱讀一般文章時，認字率可達 99%。香港浸會大學語文中心於 2003 年 8 月發佈了重新編訂的〈小學中文科常用字表〉，羅列小學階段每個級別須要學習的中文科字共 3000 個，供小學教師、課程設計者和教材編撰員參考。本字典根據此常用字表編製，收錄了表中所有中文字的倉頡編碼，足夠小學各級學生查閱。

浸會大學語文中心的小學中文科常用字研究網站：
https://ephchinese.ephhk.com/lcprichi

香港小學生倉頡字典

文字 (筆劃序)	鍵盤字母	倉頡碼
一 劃		
一	M	一
乙	NU	弓山
二 劃		
七	JU	十山
九	KN	大弓
了	NN	弓弓
二	MM	一一
丁	MN	一弓
人	O	人
入	OH	人竹
八	HO	竹人
几	HN	竹弓
刀	SH	尸竹
力	KS	大尸
十	J	十
卜	Y	卜
又	NK	弓大
三 劃		
三	MMM	一一一
下	MY	一卜
上	YM	卜一
丈	JK	十大
丸	KNI	大弓戈
久	NO	弓人
也	PD	心木
乞	ON	人弓
亡	YV	卜女
凡	HNI	竹弓戈
刃	SHI	尸竹戈
千	HJ	竹十
叉	EI	水戈
口	R	口
土	G	土

文字	鍵盤字母	倉頡碼
士	JM	十一
夕	NI	弓戈
大	K	大
女	V	女
子	ND	弓木
寸	DI	木戈
小	NC	弓金
山	U	山
川	LLL	中中中
工	MLM	一中一
己	SU	尸山
已	SU	尸山
巾	LB	中月
干	MJ	一十
弓	N	弓
才	DH	木竹
四 劃		
丑	NG	弓土
丐	MYVS	一卜女尸
不	MF	一火
中	L	中
丹	BY	月卜
之	INO	戈弓人
予	NINN	弓戈弓弓
井	TT	廿廿
互	MVNM	一女弓一
五	MDM	一木一
仁	OMM	人一一
什	OJ	人十
仇	OKN	人大弓
仍	ONHS	人弓竹尸
今	OIN	人戈弓
介	OLL	人中中
元	MMU	一一山
允	IHU	戈竹山
內	OB	人月

文字	鍵盤字母	倉頡碼
六	YC	卜金
公	CI	金戈
凶	UK	山大
分	CSH	金尸竹
切	PSH	心尸竹
勻	PIM	心戈一
勾	PI	心戈
勿	PHH	心竹竹
化	OP	人心
匹	SC	尸金
午	OJ	人十
升	HT	竹廿
厄	MSU	一尸山
友	KE	大水
及	NHE	弓竹水
反	HE	竹水
天	MK	一大
夫	QO	手人
太	KI	大戈
孔	NDU	弓木山
少	FH	火竹
尤	IKU	戈大山
尺	SO	尸人
巴	AU	日山
幻	VIS	女戈尸
引	NL	弓中
心	P	心
戶	HS	竹尸
手	Q	手
扎	QU	手山
支	JE	十水
文	YK	卜大
斗	YJ	卜十
斤	HML	竹一中
方	YHS	卜竹尸
日	A	日

76

月	B	月	冬	HEY	竹水卜	孕	NSND	弓尸弓木
木	D	木	凹	SSU	尸尸山	它	JP	十心
欠	NO	弓人	出	UU	山山	尼	SP	尸心
止	YLM	卜中一	凸	BSS	月尸尸	巨	SS	尸尸
歹	MNI	一弓戈	刊	MJLN	一十中弓	巧	MMVS	一一女尸
比	PP	心心	召	SHR	尸竹口	左	KM	大一
毛	HQU	竹手山	加	KSR	大尸口	市	YLB	卜中月
氏	HVP	竹女心	功	MKS	一大尸	布	KLB	大中月
水	E	水	包	PRU	心口山	平	MFJ	一火十
火	F	火	匆	PKK	心大大	幼	VIKS	女戈大尸
爪	HLO	竹中人	北	LMP	中一心	弘	NI	弓戈
父	CK	金大	半	FQ	火手	必	PH	心竹
片	LLML	中中一中	卉	JT	十廿	戊	IH	戈竹
牙	MVDH	一女木竹	卡	YMY	卜一卜	打	QMN	手一弓
牛	HQ	竹手	占	YR	卜口	扔	QNHS	手弓竹尸
犬	IK	戈大	去	GI	土戈	扒	QC	手金
王	MG	一土	可	MNR	一弓口	斥	HMY	竹一卜
			古	JR	十口	且	AM	日一
五 劃			右	KR	大口	本	DM	木一
丙	MOB	一人月	叮	RMN	口一弓	未	JD	十木
世	PT	心廿	叩	RSL	口尸中	末	DJ	木十
且	BM	月一	司	SMR	尸一口	正	MYLM	一卜中一
丘	OM	人一	另	RKS	口大尸	母	WYI	田卜戈
主	YG	卜土	叫	RVL	口女中	民	RVP	口女心
乍	HS	竹尸	只	RC	口金	永	INE	戈弓水
乏	HINO	竹戈弓人	史	LK	中大	汁	EJ	水十
乎	HFD	竹火木	台	IR	戈口	犯	KHSU	大竹尸山
付	ODI	人木戈	句	PR	心口	玄	YVI	卜女戈
仔	OND	人弓木	叭	RC	口金	玉	MGI	一土戈
以	VIO	女戈人	四	WC	田金	廷	HVIO	竹女戈人
他	OPD	人心木	囚	WO	田人	瓦	MVNI	一女弓戈
仗	OJK	人十大	外	NIY	弓戈卜	甘	TM	廿一
代	OIP	人戈心	央	LBK	中月大	生	HQM	竹手一
令	OINI	人戈弓戈	失	HQO	竹手人	用	BQ	月手
仙	OU	人山	奴	VE	女水	田	W	田
兄	RHU	口竹山	奶	VNHS	女弓竹尸	由	LW	中田
冊	BT	月廿						

甲	WL	田中
申	LWL	中田中
白	HA	竹日
皮	DHE	木竹水
皿	BT	月廿
目	BU	月山
矛	NINH	弓戈弓竹
石	MR	一口
示	MMF	一一火
禾	HD	竹木
穴	JC	十金
立	YT	卜廿

	六　劃	
丟	HGI	竹土戈
乒	OMI	人一戈
乓	OMH	人一竹
交	YCK	卜金大
仿	OYHS	人卜竹尸
伙	OF	人火
伍	OMDM	人一木一
伐	OI	人戈
休	OD	人木
伏	OIK	人戈大
仲	OL	人中
件	OHQ	人竹手
任	OHG	人竹土
仰	OHVL	人竹女中
份	OCSH	人金尸竹
企	OYLM	人卜中一
充	YIHU	卜戈竹山
光	FMU	火一山
兇	UKHU	山大竹山
兆	LMUO	中一山人
先	HGHU	竹土竹山
全	OMG	人一土
共	TC	廿金

再	MGB	一土月
冰	IME	戈一水
列	MNLN	一弓中弓
刑	MTLN	一廿中弓
划	ILN	戈中弓
劣	FHKS	火竹大尸
匠	SHML	尸竹一中
印	HPSL	竹心尸中
危	NMSU	弓一尸山
吉	GR	土口
吐	RG	口土
同	BMR	月一口
各	HER	竹水口
向	HBR	竹月口
名	NIR	弓戈口
合	OMR	人一口
吃	RON	口人弓
后	HMR	竹一口
吊	RLB	口中月
因	WK	田大
回	WR	田口
地	GPD	土心木
在	KLG	大中土
多	NINI	弓戈弓戈
夷	KN	大弓
妄	YVV	卜女女
奸	VMJ	女一十
好	VND	女弓木
她	VPD	女心木
如	VR	女口
字	JND	十弓木
存	KLND	大中弓木
宇	JMD	十一木
守	JDI	十木戈
宅	JHP	十竹心
安	JV	十女

寺	GDI	土木戈
尖	FK	火大
屹	UON	山人弓
州	ILIL	戈中戈中
帆	LBHNI	中月竹弓戈
年	OQ	人手
式	IPM	戈心一
弛	NPD	弓心木
忙	PYV	心卜女
成	IHS	戈竹尸
扣	QR	手口
托	QHP	手竹心
收	VLOK	女中人大
早	AJ	日十
旨	PA	心日
旬	PA	心日
旭	KNA	大弓日
曲	TW	廿田
曳	LWP	中田心
有	KB	大月
朽	DMVS	木一女尸
朱	HJD	竹十木
朵	HND	竹弓木
次	IMNO	戈一弓人
此	YMP	卜一心
死	MNP	一弓心
汗	EMJ	水一十
江	EM	水一
池	EPD	水心木
污	EMMS	水一一尸
灰	KF	大火
牟	IHQ	戈竹手
百	MA	一日
竹	H	竹
米	FD	火木
羊	TQ	廿手

羽	SMSIM	尸一尸戈一
老	JKP	十大心
考	JKYS	十大卜尸
而	MBLL	一月中中
耳	SJ	尸十
肉	OBO	人月人
肌	BHN	月竹弓
臣	SLSL	尸中尸中
自	HBU	竹月山
至	MIG	一戈土
舌	HJR	竹十口
舟	HBYI	竹月卜戈
色	NAU	弓日山
血	HBT	竹月廿
行	HOMMN	竹人一一弓
衣	YHV	卜竹女
西	MCW	一金田

七　劃

串	LL	中中
位	OYT	人卜廿
住	OYG	人卜土
伴	OFQ	人火手
佛	OLLN	人中中弓
何	OMNR	人一弓口
估	OJR	人十口
佐	OKM	人大一
佑	OKR	人大口
佈	OKLB	人大中月
伺	OSMR	人尸一口
伸	OLWL	人中田中
佔	OYR	人卜口
似	OVIO	人女戈人
但	OAM	人日一
作	OHS	人竹尸
你	ONF	人弓火
伯	OHA	人竹日

低	OHPM	人竹心一
伶	OOII	人人戈戈
兌	CRHU	金口竹山
克	JRHU	十口竹山
免	NAHU	弓日竹山
兵	OMC	人一金
冶	IMIR	戈一戈口
冷	IMOII	戈一人戈戈
判	FQLN	火手中弓
別	RSLN	口尸中弓
利	HDLN	竹木中弓
刪	BTLN	月廿中弓
刨	PULN	心山中弓
初	LSH	中尸竹
劫	GIKS	土戈大尸
助	BMKS	月一大尸
努	VEKS	女水大尸
即	AISL	日戈尸中
卵	HHSLI	竹竹尸中戈
吝	YKR	卜大口
吞	HKR	竹大口
否	MFR	一火口
吧	RAU	口日山
呆	RD	口木
君	SKR	尸大口
吠	RIK	口戈大
吼	RNDU	口弓木山
呀	RMVH	口一女竹
呈	RHG	口竹土
吩	RCSH	口金尸竹
告	HGR	竹土口
吹	RNO	口弓人
吻	RPHH	口心竹竹
吸	RNHE	口弓竹水
吵	RFH	口火竹
吶	ROB	口人月

含	OINR	人戈弓口
吟	ROIN	口人戈弓
困	WD	田木
坊	GYHS	土卜竹尸
坑	GYHN	土卜竹弓
址	GYLM	土卜中一
均	GRIM	土口戈一
圾	GNHE	土弓竹水
坐	OOG	人人土
壯	VMG	女一土
夾	KOO	大人人
妒	VHS	女竹尸
妨	VYHS	女卜竹尸
妝	VMV	女一女
妙	VFH	女火竹
妖	VHK	女竹大
妥	BV	月女
孝	JKND	十大弓木
完	JMMU	十一一山
宏	JKI	十大戈
尬	KUOLL	大山人中中
局	SSR	尸尸口
屁	SPP	尸心心
尿	SE	尸水
尾	SHQU	尸竹手山
岔	CSHU	金尸竹山
巡	YVVV	卜女女女
巫	MOO	一人人
希	KKLB	大大中月
序	ININ	戈弓戈弓
庇	IPP	戈心心
廷	NKHG	弓大竹土
弄	MGT	一土廿
弟	CNLH	金弓中竹
形	MTHHH	一廿竹竹竹
彷	HOYHS	竹人卜竹尸

役	HOHNE	竹人竹弓水
忘	YVP	卜女心
忌	SUP	尸山心
志	GP	土心
忍	SIP	尸戈心
快	PDK	心木大
戒	IT	戈廿
我	HQI	竹手戈
抗	QYHN	手卜竹弓
抖	QYJ	手卜十
技	QJE	手十水
抄	QFH	手火竹
扶	QQO	手手人
抉	QDK	手木大
扭	QNG	手弓土
把	QAU	手日山
扼	QMSU	手一尸山
找	QI	手戈
批	QPP	手心心
抒	QNIN	手弓戈弓
扯	QYLM	手卜中一
折	QHML	手竹一中
抑	QHVL	手竹女中
扮	QCSH	手金尸竹
投	QHNE	手竹弓水
抓	QHLO	手竹中人
改	SUOK	尸山人大
攻	MOK	一人大
旱	AMJ	日一十
更	MLWK	一中田大
李	DND	木弓木
材	DDH	木木竹
束	DL	木中
杏	DR	木口
村	DDI	木木戈
杜	DG	木土

杖	DJK	木十大
杆	DMJ	木一十
步	YLMH	卜中一竹
每	OWYI	人田卜戈
求	IJE	戈十水
沙	EFH	水火竹
沈	ELBU	水中月山
沛	EJB	水十月
汪	EMG	水一土
決	EDK	水木大
沐	ED	水木
汰	EKI	水大戈
沖	EL	水中
沒	ENE	水弓水
汽	EOMN	水人一弓
沃	EHK	水竹大
灼	FPI	火心戈
災	VVF	女女火
牢	JHQ	十竹手
牡	HQG	竹手土
牠	HQPD	竹手心木
狂	KHMG	大竹一土
男	WKS	田大尸
甸	PW	心田
皂	HAP	竹日心
町	BUMN	月山一弓
社	IFG	戈火土
私	HDI	竹木戈
秀	HDNHS	竹木弓竹尸
禿	HDHU	竹木竹山
究	JCKN	十金大弓
系	HVIF	竹女戈火
罕	BCMJ	月金一十
肖	FB	火月
肝	BMJ	月一十
肚	BG	月土

良	IAV	戈日女
芒	TYV	廿卜女
芋	TMD	廿一木
見	BUHU	月山竹山
角	NBG	弓月土
言	YMMR	卜一一口
谷	COR	金人口
豆	MRT	一口廿
貝	BUC	月山金
赤	GLNC	土中弓金
走	GYO	土卜人
咳	RYVO	口卜女人
身	HXH	竹難竹
車	JWJ	十田十
辛	YTJ	卜廿十
辰	MMMV	一一一女
迅	YNJ	卜弓十
邪	MHNL	一竹弓中
邦	QJNL	手十弓中
那	SQNL	尸手弓中
里	WG	田土
防	NLYHS	弓中卜竹尸
阱	NLTT	弓中廿廿

八 劃		
並	TTM	廿廿一
乖	HJLP	竹十中心
乳	BDU	月木山
事	JLLN	十中中弓
些	YPMM	卜心一一
亞	MLLM	一中中一
享	YRND	卜口弓木
京	YRF	卜口火
依	OYHV	人卜竹女
侍	OGDI	人土木戈
佳	OGG	人土土
使	OJLK	人十中大

供	OTC	人廿金	呢	RSP	口尸心	居	SJR	尸十口
例	OMNN	人一弓弓	呼	RHFD	口竹火木	屆	SUG	尸山土
併	OTT	人廿廿	咐	RODI	口人木戈	岡	BTU	月廿山
來	DOO	木人人	和	HDR	竹木口	岸	UMMJ	山一一十
侈	ONIN	人弓戈弓	周	BGR	月土口	岩	UMR	山一口
佩	OHNB	人竹弓月	命	OMRL	人一口中	帖	LBYR	中月卜口
兔	NUI	弓山戈	咎	HOR	竹人口	帕	LBHA	中月竹日
兒	HXHU	竹難竹山	固	WJR	田十口	幸	GTJ	土廿十
兩	MLBO	一中月人	垃	GYT	土卜廿	店	IYR	戈卜口
具	BMMC	月一一金	坪	GMFJ	土一火十	府	IODI	戈人木戈
其	TMMC	廿一一金	坡	GDHE	土木竹水	底	IHPM	戈竹心一
典	TBC	廿月金	坦	GAM	土日一	延	NKHYM	弓大竹卜一
刻	IMMNN	戈一一弓弓	坤	GLWL	土中田中	弦	NYVI	弓卜女戈
函	NUE	弓山水	夜	YONK	卜人弓大	弧	NHVO	弓竹女人
刻	YOLN	卜人中弓	奉	QKQ	手大手	往	HOYG	竹人卜土
券	FQSH	火手尸竹	奇	KMNR	大一弓口	征	HOMYM	竹人一卜一
刷	SBLN	尸月中弓	奈	KMMF	大一一火	佛	HOLLN	竹人中中弓
刺	DBLN	木月中弓	奔	KJT	大十廿	彼	HODHE	竹人木竹水
到	MGLN	一土中弓	妻	JLV	十中女	忠	LP	中心
刮	HRLN	竹口中弓	妹	VJD	女十木	忽	PHP	心竹心
制	HBLN	竹月中弓	委	HDV	竹木女	念	OINP	人戈弓心
卒	YOOJ	卜人人十	姑	VJR	女十口	拮	QGI	手土戈
協	JKSS	十大尸尸	姐	VBM	女月一	怖	PKLB	心大中月
卓	YAJ	卜日十	始	VIR	女戈口	怪	PEG	心水土
卑	HHJ	竹竹十	姓	VHQM	女竹手一	怕	PHA	心竹日
卷	FQSU	火手尸山	姊	VLXH	女中難竹	怡	PIR	心戈口
卸	OMSL	人一尸中	孤	NDHVO	弓木竹女人	性	PHQM	心竹手一
取	SJE	尸十水	季	HDND	竹木弓木	或	IRM	戈口一
叔	YFE	卜火水	宗	JMMF	十一一火	房	HSYHS	竹尸卜竹尸
受	BBE	月月水	定	JMYO	十一卜人	所	HSHML	竹尸竹一中
味	RJD	口十木	官	JRLR	十口中口	承	NNQO	弓弓手人
呵	RMNR	口一弓口	宜	JBM	十月一	拉	QYT	手卜廿
咖	RKSR	口大尸口	宙	JLW	十中田	拌	QFQ	手火手
咀	RBM	口月一	宛	JNIU	十弓戈山	拂	QLLN	手中中弓
呻	RLWL	口中田中	尚	FBR	火月口	抹	QDJ	手木十
咒	RRHN	口口竹弓	屈	SUU	尸山山	拒	QSS	手尸尸

香港小學生倉頡字典

招	QSHR	手尸竹口	板	DHE	木竹水	物	HQPHH	竹手心竹竹
拓	QMR	手一口	枉	DMG	木一土	狀	VMIK	女一戈大
拔	QIKK	手戈大大	松	DCI	木金戈	狗	KHPR	大竹心口
拋	QKUS	手大山尸	析	DHML	木竹一中	狐	KHHVO	大竹竹女人
抽	QLW	手中田	枚	DOK	木人大	玩	MGMMU	一土一一山
押	QWL	手田中	欣	HLNO	竹中弓人	玫	MGOK	一土人大
拐	QRSH	手口尸竹	武	MPYLM	一心卜中一	疚	KNO	大弓人
拙	QUU	手山山	歧	YMJE	卜一十水	的	HAPI	竹日心戈
拇	QWYI	手田卜戈	氛	ONCSH	人弓金尸竹	盲	YVBU	卜女月山
拆	QHMY	手竹一卜	泣	EYT	水卜廿	直	JBMM	十月一一
披	QDHE	手木竹水	注	EYG	水卜土	知	OKR	人大口
拍	QHA	手竹日	泳	EINE	水戈弓水	祈	IFHML	戈火竹一中
抵	QHPM	手竹心一	泥	ESP	水尸心	秉	HDL	竹木中
抱	QPRU	手心口山	河	EMNR	水一弓口	空	JCM	十金一
拘	QPR	手心口	沾	EYR	水卜口	糾	VFVL	女火女中
拖	QOPD	手人心木	沫	EDJ	水木十	者	JKA	十大日
抬	QIR	手戈口	法	EGI	水土戈	育	YIB	卜戈月
放	YSOK	卜尸人大	沸	ELLN	水中中弓	肩	HSB	竹尸月
斧	CKHML	金大竹一中	泄	EPT	水心廿	肪	BYHS	月卜竹尸
於	YSOY	卜尸人卜	油	ELW	水中田	肺	BJB	月十月
旺	AMG	日一土	波	EDHE	水木竹水	肥	BAU	月日山
昔	TA	廿日	況	ERHU	水口竹山	肢	BJE	月十水
易	APHH	日心竹竹	沮	EBM	水月一	股	BHNE	月竹弓水
昌	AA	日日	沿	EHNR	水竹弓口	肴	KKB	大大月
昆	APP	日心心	治	EIR	水戈口	肯	YMB	卜一月
昂	AHVL	日竹女中	泡	EPRU	水心口山	臥	SLO	尸中人
明	AB	日月	泛	EHIO	水竹戈人	舍	OMJR	人一十口
昏	HPA	竹心日	泊	EHA	水竹日	芳	TYHS	廿卜竹尸
服	BSLE	月尸中水	炎	FF	火火	芝	TINO	廿戈弓人
朋	BB	月月	炒	FFH	火火竹	芭	TAU	廿日山
枕	DLBU	木中月山	爬	HOAU	竹人日山	芽	TMVH	廿一女竹
東	DW	木田	爭	NSD	弓尸木	花	TOP	廿人心
果	WD	田木	爸	CKAU	金大日山	芬	TCSH	廿金尸竹
枝	DJE	木十水	床	ID	戈木	虎	YPHU	卜心竹山
林	DD	木木	版	LLHE	中中竹水	表	QMV	手一女
杯	DMF	木一火	牧	HQOK	竹手人大	衫	LHHH	中竹竹竹

迎	YHVL	卜竹女中	前	TBLN	廿月中弓	封	GGDI	土土木戈
返	YHE	卜竹水	則	BCLN	月金中弓	屏	STT	尸廿廿
近	YHML	卜竹一中	勇	NBKS	弓月大尸	屍	SMNP	尸一弓心
迪	YLW	卜中田	勉	NUKS	弓山大尸	屋	SMIG	尸一戈土
采	BD	月木	勃	JDKS	十木大尸	峙	UGDI	山土木戈
金	C	金	勁	MMKS	一一大尸	巷	TCRU	廿金口山
長	SMV	尸一女	南	JBTJ	十月廿十	帝	YBLB	卜月中月
門	AN	日弓	卻	CRSL	金口尸中	幽	UVII	山女戈戈
陀	NLJP	弓中十心	厚	MAND	一日弓木	度	ITE	戈廿水
阿	NLMNR	弓中一弓口	叛	FQHE	火手竹水	建	NKLQ	弓大中手
阻	NLBM	弓中月一	咬	RYCK	口卜金大	很	HOAV	竹人日女
附	NLODI	弓中人木戈	哀	YRHV	卜口竹女	待	HOGDI	竹人土木戈
雨	MLBY	一中月卜	咳	RYVO	口卜女人	徊	HOWR	竹人田口
青	QMB	手一月	哄	RTC	口廿金	律	HOLQ	竹人中手
非	LMYYY	中一卜卜卜	咽	RWK	口田大	後	HOVIE	竹人女戈水
			品	RRR	口口口	怒	VEP	女水心

九　劃

亭	YRBN	卜口月弓	哈	ROMR	口人一口	思	WP	田心
亮	YRBU	卜口月山	垂	HJTM	竹十廿一	急	IRP	戈口心
信	OYMR	人卜一口	型	MNG	一弓土	怎	NSP	弓尸心
侵	OSME	人尸一水	垢	GHMR	土竹一口	怎	HSP	竹尸心
便	OMLK	人一中大	城	GIHS	土戈竹尸	怨	NUP	弓山心
俠	OKOO	人大人人	垮	GKMS	土大一尸	恍	PFMU	心火一山
俏	OFB	人火月	奕	YCK	卜金大	恨	PAV	心日女
保	ORD	人口木	契	QHK	手竹大	恢	PKF	心大火
促	ORYO	人口卜人	奏	QKHK	手大竹大	恆	PMBM	心一月一
侶	ORHR	人口竹口	姿	IOV	戈人女	恬	PHJR	心竹十口
俊	OICE	人戈金水	姨	VKN	女大弓	恰	POMR	心人一口
俗	OCOR	人金人口	娃	VGG	女土土	恤	PHBT	心竹月廿
侮	OOWY	人人田卜	姪	VMIG	女一戈土	扁	HSBT	竹尸月廿
俐	OHDN	人竹木弓	姦	VVV	女女女	拜	HQMQJ	竹手一手十
係	OHVF	人竹女火	威	IHMV	戈竹一女	挖	QJCN	手十金弓
冒	ABU	日月山	姻	VWK	女田大	按	QJV	手十女
冠	BMUI	月一山戈	孩	NDYVO	弓木卜女人	拼	QTT	手廿廿
剎	KCLN	大金中弓	宣	JMAM	十一日一	拭	QIPM	手戈心一
剃	CHLN	金竹中弓	室	JMIG	十一戈土	持	QGDI	手土木戈
削	FBLN	火月中弓	客	JHER	十竹水口	指	QPA	手心日

拱	QTC	手廿金	洗	EHGU	水竹土山	祝	IFRHU	戈火口竹山
拯	QNEM	手弓水一	活	EHJR	水竹十口	祖	IFBM	戈火月一
括	QHJR	手竹十口	洽	EOMR	水人一口	神	IFLWL	戈火中田中
挑	QLMO	手中一人	派	EHHV	水竹竹女	科	HDYJ	竹木卜十
拾	QOMR	手人一口	淘	EPUK	水心山大	秒	HDFH	竹木火竹
政	MMOK	一一人大	炫	FYVI	火卜女戈	秋	HDF	竹木火
故	JROK	十口人大	為	IKNF	戈大弓火	穿	JCMVH	十金一女竹
施	YSOPD	卜尸人心木	炭	UMF	山一火	突	JCIK	十金戈大
既	AIMVU	日戈一女山	炸	FHS	火竹尸	竿	HMJ	竹一十
春	QKA	手大日	炮	FPRU	火心口山	紅	VFM	女火一
昭	ASHR	日尸竹口	牲	HQHQM	竹手竹手一	紀	VFSU	女火尸山
映	ALBK	日中月大	狠	KHAV	大竹日女	約	VFPI	女火心戈
昧	AJD	日十木	狡	KHYCK	大竹卜金大	缸	OUM	人山一
是	AMYO	日一卜人	珊	MGBT	一土月廿	美	TGK	廿土大
星	AHQM	日竹手一	玻	MGDHE	一土木竹水	耐	MBDI	一月木戈
昨	AHS	日竹尸	珍	MGOHH	一土人竹竹	耍	MBV	一月女
柿	DYLB	木卜中月	甚	TMMV	廿一一女	胖	BFQ	月火手
染	END	水弓木	畏	WMV	田一女	胡	JRB	十口月
柱	DYG	木卜土	界	WOLL	田人中中	胃	WB	田月
柔	NHD	弓竹木	疫	KHNE	大竹弓水	背	LPB	中心月
某	TMD	廿一木	疤	KAU	大日山	胎	BIR	月戈口
架	KRD	大口木	皆	PPHA	心心竹日	胞	BPRU	月心口山
枯	DJR	木十口	皇	HAMG	竹日一土	致	MGOK	一土人大
柄	DMOB	木一人月	盈	NSBT	弓尸月廿	茅	TNIH	廿弓戈竹
查	DAM	木日一	盆	CSHT	金尸竹廿	苦	TJR	廿十口
柏	DHA	木竹日	省	FHBU	火竹月山	茄	TKSR	廿大尸口
柳	DHHL	木竹竹中	相	DBU	木月山	若	TKR	廿大口
歪	MFMYM	一火一卜一	眉	AHBU	日竹月山	茂	TIH	廿戈竹
段	HJHNE	竹十竹弓水	看	HQBU	竹手月山	苗	TW	廿田
毒	QMWYI	手一田卜戈	盾	HJBU	竹十月山	英	TLBK	廿中月大
泉	HAE	竹日水	盼	BUCSH	月山金尸竹	苗	TUU	廿山山
洋	ETQ	水廿手	砂	MRFH	一口火竹	苔	TIR	廿戈口
洲	EILL	水戈中中	研	MRMT	一口一廿	苑	TNIU	廿弓戈山
洪	ETC	水廿金	砌	MRPSH	一口心尸竹	茸	TSJ	廿尸十
津	ELQ	水中手	砍	MRNO	一口弓人	虐	YPSM	卜心尸一
洞	EBMR	水月一口	祕	IFPH	戈火心竹	虹	LIM	中戈一

衍	HOEMN	竹人水一弓	值	OJBM	人十月一	圍	WIJB	田戈十月
要	MWV	一田女	借	OTA	人廿日	埋	GWG	土田土
計	YRJ	卜口十	倚	OKMR	人大一口	埃	GIOK	土戈人大
訂	YRMN	卜口一弓	倒	OMGN	人一土弓	夏	MUHE	一山竹水
貞	YBUC	卜月山金	們	OAN	人日弓	套	KSMI	大尸一戈
負	NBUC	弓月山金	俱	OBMC	人月一金	娘	VIAV	女戈日女
赴	GOY	土人卜	倡	OAA	人日日	娟	VRB	女口月
趴	RMC	口一金	個	OWJR	人田十口	娛	VRVK	女口女大
軍	BJWJ	月十田十	候	OLNK	人中弓大	孫	NDHVF	弓木竹女火
軌	JJKN	十十大弓	倘	OFBR	人火月口	宰	JYTJ	十卜廿十
述	YIJC	卜戈十金	修	OLOH	人中人竹	家	JMSO	十一尸人
迫	YHA	卜竹日	倫	OOMB	人人一月	宴	JAV	十日女
郊	YKNL	卜大弓中	倉	OIAR	人戈日口	宮	JRHR	十口竹口
郎	IINL	戈戈弓中	兼	TXC	廿難金	宵	JFB	十火月
郁	KBNL	大月弓中	冤	BNUI	月弓山戈	容	JCOR	十金人口
重	HJWG	竹十田土	冥	BAYC	月日卜金	害	JQMR	十手一口
限	NLAV	弓中日女	凍	IMDW	戈一木田	射	HHDI	竹竹木戈
陋	NLMBV	弓中一月女	凌	IMGCE	戈一土金水	屑	SFB	尸火月
陌	NLMA	弓中一日	准	IMOG	戈一人土	展	STV	尸廿女
降	NLHEQ	弓中竹水手	凋	IMBGR	戈一月土口	峭	UFB	山火月
面	MWYL	一田卜中	剖	YRLN	卜口中弓	峽	UKOO	山大人人
革	TLJ	廿中十	剔	AHLN	日竹中弓	峻	UICE	山戈金水
音	YTA	卜廿日	剛	BULN	月山中弓	峰	UHEJ	山竹水十
頁	MBUC	一月山金	剝	VELN	女水中弓	島	HAYU	竹日卜山
風	HNHLI	竹弓竹中戈	匿	SLMY	尸中一卜	差	TQM	廿手一
飛	NOHTO	弓人竹廿人	原	MHAF	一竹日火	席	ITLB	戈廿中月
食	OIAV	人戈日女	唐	ILR	戈中口	師	HRMLB	竹口一中月
首	THBU	廿竹月山	哥	MRNR	一口弓口	庫	IJWJ	戈十田十
香	HDA	竹木日	哲	QLR	手中口	庭	INKG	戈弓大土

	十　劃		哨	RFB	口火月	座	IOOG	戈人人土
乘	HDLP	竹木中心	哺	RIJB	口戈十月	弱	NMNIM	弓一弓戈一
倍	OYTR	人卜廿口	哭	RRIK	口口戈大	徒	HOGYO	竹人土卜人
俯	OIOI	人戈人戈	員	RBUC	口月山金	徑	HOMVM	竹人一女一
倦	OFQU	人火手山	哮	RJKD	口十大木	徐	HOOMD	竹人人一木
倖	OGTJ	人土廿十	哪	RSQL	口尸手中	恥	SJP	尸十心
倆	OMLB	人一中月	哽	RMLK	口一中大	恐	MNP	一弓心

香港小學生倉頡字典

恕	VRP	女口心	框	DSMG	木尸一土	畜	YVIW	卜女戈田
恭	TCP	廿金心	根	DAV	木日女	留	HHW	竹竹田
恩	WKP	田大心	栗	MWD	一田木	疾	KOK	大人大
息	HUP	竹山心	桌	YAD	卜日木	病	KMOB	大一人月
悄	PFB	心火月	桑	EEED	水水水木	症	KMYM	大一卜一
悟	PMMR	心一一口	栽	JID	十戈木	疲	KDHE	大木竹水
悍	PAMJ	心日一十	柴	YPD	卜心木	疼	KHEY	大竹水卜
悔	POWY	心人田卜	格	DHER	木竹水口	益	TCBT	廿金月廿
悦	PCRU	心金口山	桃	DLMO	木中一人	眩	BUYVI	月山卜女戈
扇	HSSMM	竹尸尸一一	株	DHJD	木竹十木	真	JBMC	十月一金
拳	FQQ	火手手	殊	MNHJD	一弓竹十木	眠	BURVP	月山口女心
拿	OMRQ	人一口手	殷	HSHNE	竹尸竹弓水	眨	BUHIO	月山竹戈人
挾	QKOO	手大人人	氣	ONFD	人弓火木	矩	OKSS	人大尸尸
振	QMMV	手一一女	泰	QKE	手大水	破	MRDHE	一口木竹水
捕	QIJB	手戈十月	流	EYIU	水卜戈山	崇	UUMMF	山山一一火
捆	QWD	手田木	浪	EIAV	水戈日女	祥	IFTQ	戈火廿手
捏	QHXM	手竹難一	涕	ECNH	水金弓竹	秤	HDMFJ	竹木一火十
挪	QSQL	手尸手中	消	EFB	水火月	秧	HDLBK	竹木中月大
捉	QRYO	手口卜人	浸	ESME	水尸一水	租	HDBM	竹木月一
挺	QNKG	手弓大土	海	EOWY	水人田卜	秩	HDHQO	竹木竹手人
捐	QRB	手口月	涉	EYLH	水卜中竹	窄	JCHS	十金竹尸
挽	QNAU	手弓日山	浮	EBND	水月弓木	站	YTYR	卜廿卜口
挫	QOOG	手人人土	浴	ECOR	水金人口	笆	HAU	竹日山
挨	QIOK	手戈人大	浩	EHGR	水竹土口	笑	HHK	竹竹大
效	YKOK	卜大人大	洪	ETC	水廿金	粉	FDCSH	火木金尸竹
料	FDYJ	火木卜十	烤	FJKS	火十大尸	紡	VFYHS	女火卜竹尸
旁	YBYHS	卜月卜竹尸	烈	MNF	一弓火	紋	VFYK	女火卜大
旅	YSOHV	卜尸人竹女	烏	HRYF	竹口卜火	素	QMVIF	手一女戈火
時	AGDI	日土木戈	特	HQGDI	竹手土木戈	紗	VFFH	女火火竹
晉	MIIA	一戈戈日	狼	KHIAV	大竹戈日女	索	JBVIF	十月女戈火
晃	AFMU	日火一山	狹	KHKOO	大竹大人人	純	VFPU	女火心山
書	LGA	中土日	狠	KHBUC	大竹月山金	紐	VFNG	女火弓土
朗	IIB	戈戈月	狸	KHWG	大竹田土	級	VFNHE	女火弓竹水
校	DYCK	木卜金大	班	MGILG	一土戈中土	納	VFOB	女火人月
核	DYVO	木卜女人	珠	MGHJD	一土竹十木	紙	VFHVP	女火竹女心
案	JVD	十女木	畔	WFQ	田火手	紛	VFCSH	女火金尸竹

缺	OUDK	人山木大	訓	YRLLL	卜口中中中	做	OJRK	人十口大
翅	JESMM	十水尸一一	豈	UMRT	山一口廿	偉	ODMQ	人木一手
翁	CISM	金戈尸一	財	BCDH	月金木竹	健	ONKQ	人弓大手
耘	QDMMI	手木一一戈	貢	MBUC	一月山金	偶	OWLB	人田中月
耕	QDTT	手木廿廿	起	GORU	土人口山	傀	OWMV	人田一女
耗	QDHQU	手木竹手山	躬	HHN	竹竹弓	偏	OHSB	人竹尸月
耽	SJLBU	尸十中月山	辱	MVDI	一女木戈	偵	OYBC	人卜月金
耿	SJF	尸十火	送	YTK	卜廿大	側	OBCN	人月金弓
脂	BPA	月心日	逆	YTU	卜廿山	偷	OOMN	人人一弓
脅	KSKSB	大尸大尸月	迷	YFD	卜火木	兜	HVHU	竹女竹山
脆	BNMU	月弓一山	退	YAV	卜日女	冕	ANAU	日弓日山
胸	BPUK	月心山大	迴	YWR	卜田口	凰	HNHAG	竹弓竹日土
脈	BHHV	月竹竹女	逃	YLMO	卜中一人	剪	TBNH	廿月弓竹
能	IBPP	戈月心心	追	YHRR	卜竹口口	副	MWLN	一田中弓
脊	FCB	火金月	逞	YRHG	卜口竹土	勒	TJKS	廿十大尸
臭	HUIK	竹山戈大	酒	EMCW	水一金田	務	NHOKS	弓竹人大尸
航	HYYHN	竹卜卜竹弓	配	MWSU	一田尸山	動	HGKS	竹土大尸
般	HYHNE	竹卜竹弓水	釘	CMN	金一弓	匙	AOP	日人心
茫	TEYV	廿水卜女	針	CJ	金十	匿	STKR	尸廿大口
荒	TYVU	廿卜女山	閃	ANO	日弓人	區	SRRR	尸口口口
荔	TKSS	廿大尸尸	院	NLJMU	弓中十一山	參	IIIH	戈戈戈竹
荊	TMTN	廿一中弓	陣	NLJWJ	弓中十田十	商	YCBR	卜金月口
荐	TKLD	廿大中木	陡	NLGYO	弓中土卜人	啦	RQYT	口手卜廿
草	TAJ	廿日十	除	NLOMD	弓中人一木	啄	RMSO	口一尸人
茶	TOD	廿人木	隻	OGE	人土水	啞	RMLM	口一中一
虔	YPYK	卜心卜大	飢	OIHN	人戈竹弓	啊	RNLR	口弓中口
蚊	LIYK	中戈卜大	馬	SQSF	尸手尸火	唱	RAA	口日日
衰	YWMV	卜田一女	骨	BBB	月月月	啡	RLMY	口中一卜
衷	YLHV	卜中竹女	高	YRBR	卜口月口	問	ANR	日弓口
被	LDHE	中木竹水	鬥	LN	中弓	唯	ROG	口人土
袖	LLW	中中田	鬼	HI	竹戈	啤	RHWJ	口竹田十
袍	LPRU	中心口山				唸	ROIP	口人戈心
記	YRSU	卜口尸山		十一劃		售	OGR	人土口
討	YRDI	卜口木戈	乾	JJON	十十人弓	啟	HKR	竹大口
訊	YRNJ	卜口弓十	偽	OIKF	人戈大火	圈	WFQU	田火手山
託	YRHP	卜口竹心	停	OYRN	人卜口弓	國	WIRM	田戈口一
			假	ORYE	人口卜水			

域	GIRM	土戈口一
培	GYTR	土卜廿口
堅	SEG	尸水土
堆	GOG	土人土
基	TCG	廿金土
堂	FBRG	火月口土
執	GJKNI	土十大弓戈
夠	PRNIN	心口弓戈弓
奢	KJKA	大十大日
娶	SEV	尸水女
婉	VJNU	女十弓山
婦	VSMB	女尸一月
婚	VHPA	女竹心日
婆	EEV	水水女
寄	JKMR	十大一口
寂	JYFE	十卜火水
宿	JOMA	十人一日
密	JPHU	十心竹山
專	JIDI	十戈木戈
將	VMBDI	女一月木戈
屠	SJKA	尸十大日
屜	SHOT	尸竹人廿
崇	UJMF	山十一火
崎	UKMR	山大一口
崖	UMGG	山一土土
崩	UBB	山月月
巢	VVWD	女女田木
常	FBRLB	火月口中月
帶	KPBLB	大心月中月
帳	LBSMV	中月尸一女
康	ILE	戈中水
庸	ILB	戈中月
張	NSMV	弓尸一女
強	NILI	弓戈中戈
彩	BDHHH	月木竹竹竹
得	HOAMI	竹人日一戈

徙	HOYLO	竹人卜中人
從	HOOOO	竹人人人人
徘	HOLMY	竹人中一卜
患	LLP	中中心
悉	HDP	竹木心
悠	OKP	人大心
您	VFP	女火心
悗	PJNU	心十弓山
悽	PJLV	心十中女
情	PQMB	心手一月
惜	PTA	心廿日
悼	PYAJ	心卜日十
惕	PAMH	心日一竹
惚	PPHP	心心竹心
戚	IHYMF	戈竹卜一火
掠	QYRF	手卜口火
控	QJCM	手十金一
捲	QFQU	手火手山
探	QBCD	手月金木
接	QYTV	手卜廿女
捷	QJLO	手十中人
捧	QQKQ	手手大手
掘	QSUU	手尸山山
措	QTA	手廿日
掩	QKLU	手大中山
掉	QYAJ	手卜日十
掃	QSMB	手尸一月
掛	QGGY	手土土卜
排	QLMY	手中一卜
推	QOG	手人土
授	QBBE	手月月水
掙	QBSD	手月尸木
採	QBD	手月木
掏	QPOU	手心人山
掀	QHLO	手竹中人
捨	QOMR	手人一口

捺	QKMF	手大一火
救	IEOK	戈水人大
教	JDOK	十木人大
敗	BCOK	月金人大
敏	OYOK	人卜人大
敘	OYOK	人卜人大
斜	ODYJ	人木卜十
斬	JJHML	十十竹一中
族	YSOOK	卜尸人人大
旋	YSONO	卜尸人弓人
晝	LGAM	中土日一
晚	ANAU	日弓日山
晨	AMMV	日一一女
望	YBHG	卜月竹土
梳	DYIU	木卜戈山
梯	DCNH	木金弓竹
梢	DFB	木火月
桿	DAMJ	木日一十
桶	DNIB	木弓戈月
械	DIT	木戈廿
梭	DICE	木戈金水
梅	DOWY	木人田卜
條	OLOD	人中人木
梨	HND	竹弓木
欲	CRNO	金口弓人
殺	KCHNE	大金竹弓水
毫	YRBU	卜口月山
涼	EYRF	水卜口火
液	EYOK	水卜人大
淡	EFF	水火火
淤	EYSY	水卜尸卜
淚	EHSK	水竹尸大
淺	EII	水戈戈
清	EQMB	水手一月
淋	EDD	水木木
涯	EMGG	水一土土

小學生學速成倉頡

淹	EKLU	水大中山	眼	BUAV	月山日女	壯	VMG	女一土
淒	EJLV	水十中女	眶	BUSMG	月山尸一土	荷	TOMR	廿人一口
深	EBCD	水月金木	眺	BULMO	月山中一人	處	YPHEN	卜心竹水弓
添	EHKP	水竹大心	票	MWMMF	一田一一火	蛇	LIJP	中戈十心
淑	EYFE	水卜火水	祭	BOMMF	月人一一火	蛀	LIYG	中戈卜土
混	EAPP	水日心心	移	HDNIN	竹木弓戈弓	蛋	NOLMI	弓人中一戈
淵	ELXL	水中難中	窒	JCMIG	十金一戈土	術	HOICN	竹人戈金弓
涵	ENUE	水弓山水	章	YTAJ	卜廿日十	袋	OPYHV	人心卜竹女
淫	EBHG	水月竹土	竟	YTAHU	卜廿日竹山	袛	LOIK	中人戈大
淘	EPOU	水心人山	笨	HDM	竹木一	覓	BBUU	月月山山
淪	EOMB	水人一月	笛	HLW	竹中田	規	QOBUU	手人月山山
淨	EBSD	水月尸木	第	HNLH	竹弓中竹	訪	YRYHS	卜口卜竹尸
淆	EKKB	水大大月	符	HODI	竹人木戈	訝	YRMVH	卜口一女竹
烹	YRNF	卜口弓火	粒	FDYT	火木卜廿	訣	YRDK	卜口木大
爽	KKKK	大大大大	粗	FDBM	火木月一	許	YROJ	卜口人十
牽	YVBQ	卜女月手	粘	FDYR	火木卜口	設	YRHNE	卜口竹弓水
猜	KHQMB	大竹手一月	絆	VFFQ	女火火手	豚	BMSO	月一尸人
猛	KHNDT	大竹弓木廿	繫	DUVIF	木山女戈火	販	BCHE	月金竹水
率	YIOJ	卜戈人十	紹	VFSHR	女火尸竹口	責	QMBUC	手一月山金
球	MGIJE	一土戈十水	細	VFW	女火田	貫	WJBUC	田十月山金
理	MGWG	一土田土	紳	VFLWL	女火中田中	貨	OPBUC	人心月山金
現	MGBUU	一土月山山	組	VFBM	女火月一	貪	OINC	人戈弓金
瓶	TTMVN	廿廿一女弓	累	WVIF	田女戈火	貧	CSHC	金尸竹金
瓷	IOMVN	戈人一女弓	終	VFHEY	女火竹水卜	趾	RMYLM	口一卜中一
甜	HRTM	竹口廿一	羞	TQNG	廿手弓土	軟	JJNO	十十弓人
產	YHHQM	卜竹竹手一	翌	SMYT	尸一卜廿	這	YYMR	卜卜一口
甥	HMWKS	竹一田大尸	習	SMHA	尸一竹日	逍	YFB	卜火月
略	WHER	田竹水口	聊	SJHHL	尸十竹竹中	通	YNIB	卜弓戈月
畢	WTJ	田廿十	聆	SJOII	尸十人戈戈	逗	YMRT	卜一口廿
異	WTC	田廿金	脣	MVB	一女月	連	YJWJ	卜十田十
痕	KAV	大日女	脫	BCRU	月金口山	速	YDL	卜木中
痊	KOMG	大人一土	船	HYCR	竹卜金口	逝	YQHL	卜手竹中
盒	OMRT	人一口廿	舵	HYJP	竹卜十心	逐	YMSO	卜一尸人
盛	ISBT	戈尸月廿	莖	TMVM	廿一女一	造	YHGR	卜竹土口
眷	FQBU	火手月山	莽	TIKT	廿戈大廿	透	YHDS	卜竹木尸
眾	WLOOO	田中人人人	莫	TAK	廿日大	逢	YHEJ	卜竹水十

89

逛	YKHG	卜大竹土	啼	RYBB	口卜月月	廊	IIIL	戈戈戈中
途	YOMD	卜人一木	喝	RAPV	口日心女	廁	IBCN	戈月金弓
部	YRNL	卜口弓中	喜	GRTR	土口廿口	廂	IDBU	戈木月山
都	JANL	十日弓中	喪	GRRV	土口口女	復	HOOAE	竹人人日水
野	WGNIN	田土弓戈弓	喇	RDLN	口木中弓	循	HOHJU	竹人竹十山
釣	CPI	金心戈	喊	RIHR	口戈竹口	感	IRP	戈口心
閉	ANDH	日弓木竹	喘	RUMB	口山一月	惡	MMP	一一心
陪	NLYTR	弓中卜廿口	單	RRWJ	口口田十	悲	LYP	中卜心
陳	NLDW	弓中木田	唾	RHJM	口竹十一	惠	JIP	十戈心
陸	NLGCG	弓中土金土	喚	RNBK	口弓月大	惰	PKMB	心大一月
陰	NLOII	弓中人戈戈	喻	ROMN	口人一弓	慨	PAIU	心日戈山
陶	NLPOU	弓中心人山	喬	HKRBR	竹大口月口	愕	PRRS	心口口尸
陷	NLNHX	弓中弓竹難	喉	RONK	口人弓大	惱	PVVW	心女女田
雀	FOG	火人土	善	TGTR	廿土廿口	惶	PHAG	心竹日土
雪	MBSM	一月尸一	圍	WDMQ	田木一手	愉	POMN	心人一弓
頂	MNMBC	一弓一月金	堵	GJKA	土十大日	掌	FBRQ	火月口手
魚	NWF	弓田火	堪	GTMV	土廿一女	描	QTW	手廿田
鳥	HAYF	竹日卜火	場	GOAH	土人日竹	揀	QDWF	手木田火
鹿	IXP	戈難心	報	GJSLE	土十尸中水	揉	QNHD	手弓竹木
麥	JONI	十人弓戈	堤	GAMO	土日一人	插	QMJX	手一十難
麻	TIJC	廿戈十金	堡	ODG	人木土	揣	QUMB	手山一月

傢	OJMO	人十一人	壺	GBLM	土月中一	提	QAMO	手日一人
傍	OYBS	人卜月尸	奠	TWK	廿田大	握	QSMG	手尸一土
備	OTHB	人廿竹月	嫂	VHXE	女竹難水	揮	QBJJ	手月十十
傑	ONQD	人弓手木	媚	VAHU	女日竹山	揭	QAPV	手日心女
傘	OOOJ	人人人十	媒	VTMD	女廿一木	援	QBME	手月一水
凱	UTHN	山廿竹弓	寒	JTCY	十廿金卜	換	QNBK	手弓月大
割	JRLN	十口中弓	富	JMRW	十一口田	揚	QAMH	手日一竹
創	ORLN	人口中弓	寓	JWLB	十田中月	搜	QHXE	手竹難水
剩	HPLN	竹心中弓	尊	TWDI	廿田木戈	敞	FBOK	火月人大
勞	FFBKS	火火月大尸	尋	SMMRI	尸一一口戈	敦	YDOK	卜木人大
勝	BFQS	月火手尸	就	YFIKU	卜火戈大山	敢	MJOK	一十人大
勛	RCKS	口金大尸	嵌	UTMO	山廿一人	散	TBOK	廿月人大
博	JIBI	十戈月戈	幅	LBMRW	中月一口田	斑	MGYKG	一土卜大土
喧	RJMM	口十一一	帽	LBABU	中月日月山	斯	TCHML	廿金竹一中
			幾	VIHI	女戈竹戈	普	TMA	廿一日

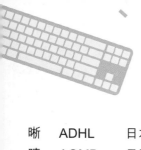

晰	ADHL	日木竹中	渡	EITE	水戈廿水	盜	EOBT	水人月廿
晴	AQMB	日手一月	渲	EJMM	水十一一	羔	TGHU	廿土竹山
晶	AAA	日日日	湧	ENBS	水弓月尸	短	OKMRT	人大一口廿
景	AYRF	日卜口火	湊	EQKK	水手大大	硬	MRMLK	一口一中大
暑	AJKA	日十大日	渠	ESD	水尸木	稍	HDFB	竹木火月
智	ORA	人口日	渾	EBJJ	水月十十	程	HDRHG	竹木口竹土
最	ASJE	日尸十水	渣	EDAM	水木日一	稅	HDCRU	竹木金口山
曾	CWA	金田日	湛	ETMV	水廿一女	稀	HDKKB	竹木大大月
替	QOA	手人日	湖	EJRB	水十口月	窗	JCHWK	十金竹田大
期	TCB	廿金月	渦	EBBR	水月月口	童	YTWG	卜廿田土
朝	JJB	十十月	湯	EAMH	水日一竹	等	HGDI	竹土木戈
棄	YITD	卜戈廿木	渴	EAPV	水日心女	策	HDB	竹木月
棕	DJMF	木十一火	溉	EAIU	水日戈山	筆	HLQ	竹中手
椅	DKMR	木大一口	減	EIHR	水戈竹口	筒	HBMR	竹月一口
棟	DDWF	木木田火	渺	EBUH	水月山竹	答	HOMR	竹人一口
森	DDD	木木木	測	EBCN	水月金弓	筍	HPA	竹心日
棒	DQKQ	木手大手	湃	EHQJ	水竹手十	筋	HBKS	竹月大尸
棲	DJLV	木十中女	溫	EWOT	水田人廿	筏	HOI	竹人戈
棋	DTMC	木廿一金	焚	DDF	木木火	粥	NFDN	弓火木弓
植	DJBM	木十月一	焦	OGF	人土火	統	VFYIU	女火卜戈山
棘	DBDB	木月木月	焰	FSHX	火尸竹難	絞	VFYCK	女火卜金大
棗	DBDB	木月木月	無	OTF	人廿火	結	VFGR	女火土口
棵	DWD	木田木	然	BKF	月大火	絨	VFIJ	女火戈十
棍	DAPP	木日心心	煮	JAF	十日火	絕	VFSHU	女火尸竹山
椒	DYFE	木卜火水	牌	LLHHJ	中中竹竹十	紫	YPVIF	卜心女戈火
棉	DHAB	木竹日月	猶	KHTCW	大竹廿金田	絮	VRVIF	女口女戈火
棚	DBB	木月月	猩	KHAHM	大竹日竹一	絲	VFVIF	女火女戈火
款	GFNO	土火弓人	猴	KHONK	大竹人弓大	絡	VFHER	女火竹水口
欺	TCNO	廿金弓人	琢	MGMSO	一土一尸人	給	VFOMR	女火人一口
欽	CNO	金弓人	琴	MGOIN	一土人戈弓	絢	VFPA	女火心日
殘	MNII	一弓戈戈	畫	LGWM	中土田一	翔	TQSMM	廿手尸一一
殖	MNJBM	一弓十月一	番	HDW	竹木田	腕	BJNU	月十弓山
殼	GNHNE	土弓竹弓水	疏	NMYIU	弓一卜戈山	腔	BJCM	月十金一
毯	HUFF	竹山火火	痛	KNIB	大弓戈月	脹	BSMV	月尸一女
港	ETCU	水廿金山	登	NOMRT	弓人一口廿	脾	BHHJ	月竹竹十
游	EYSD	水卜尸木	發	NONHE	弓人弓竹水	舒	ORNIN	人口弓戈弓

香港小學生倉頡字典

莓	TOWY	廿人田卜
萍	TEMJ	廿水一十
華	TMTJ	廿一廿十
著	TJKA	廿十大日
萌	TAB	廿日月
菌	TWHD	廿田竹木
菲	TLMY	廿中一卜
菊	TPFD	廿心火木
萎	THDV	廿竹木女
萄	TPOU	廿心人山
菜	TBD	廿月木
虛	YPTM	卜心廿一
蛙	LIGG	中戈土土
蛛	LIHJD	中戈竹十木
街	HOGGN	竹人土土弓
裁	JIYHV	十戈卜竹女
裂	MNYHV	一弓卜竹女
裙	LSKR	中尸大口
補	LIJB	中戈十月
裕	LCOR	中金人口
視	IFBUU	戈火月山山
註	YRYG	卜口卜土
詠	YRINE	卜口戈弓水
評	YRMFJ	卜口一火十
詞	YRSMR	卜口尸一口
詐	YRHS	卜口竹尸
訴	YRHMY	卜口竹一卜
診	YROHH	卜口人竹竹
象	NAPO	弓日心人
貼	BCYR	月金卜口
費	LNBUC	中弓月山金
賀	KRBUC	大口月山金
貴	LMBUC	中一月山金
買	WLBUC	田中月山金
貶	BCHIO	月金竹戈人
貿	HHBUC	竹竹月山金

貸	OPBUC	人心月山金
越	GOIV	土人戈女
超	GOSHR	土人尸竹口
趁	GOOHH	土人人竹竹
距	RMSS	口一尸尸
跑	RMPRU	口一心口山
跌	RMHQO	口一竹手人
跛	RMDHE	口一木竹水
軸	JJLW	十十中田
辜	JRYTJ	十口卜廿十
逮	YLE	卜中水
週	YBGR	卜月土口
逸	YNUI	卜弓山戈
進	YOG	卜人土
郵	HMNL	竹一弓中
鄉	VHIIL	女竹戈戈中
酥	MWHD	一田竹木
量	AMWG	日一田土
鈕	CNG	金弓土
鈍	CPU	金心山
鈔	CFH	金火竹
悶	ANP	日弓心
開	ANMT	日弓一廿
間	ANA	日弓日
閒	ANB	日弓月
隊	NLTPO	弓中廿心人
階	NLPPA	弓中心心日
陽	NLAMH	弓中日一竹
隆	NLOKM	弓中人大一
雁	MOOG	一人人土
雅	MHOG	一竹人土
雄	KIOG	大戈人土
集	OGD	人土木
雲	MBMMI	一月一一戈
韌	DQSHI	土手尸竹戈
項	MMBC	一一月金

順	LLLC	中中中金
須	HHMBC	竹竹一月金
飯	OIHE	人戈竹水
飲	OINO	人戈弓人
黃	TLWC	廿中田金
黑	WGF	田土火

十三劃

亂	BBU	月月山
傭	OILB	人戈中月
債	OQMC	人手一金
傲	OGSK	人土尸大
傳	OJII	人十戈戈
僅	OTLM	人廿中一
傾	OPMC	人心一金
催	OUOG	人山人土
傷	OOAH	人人日竹
傻	OHCE	人竹金水
募	TAKS	廿日大尸
勤	TMKS	廿一大尸
勢	GIKS	土戈大尸
匯	SEOG	尸水人土
嗓	REED	口水水木
嗎	RSQF	口尸手火
嗜	RJKA	口十大日
嗇	GOWR	土人田口
嗚	RHRF	口竹口火
嗅	RHUK	口竹山大
園	WGRV	田土口女
圓	WRBC	田口月金
塞	JTCG	十廿金土
塑	TBG	廿月土
塘	GILR	土戈中口
塗	EDG	水木土
塔	GTOR	土廿人口
填	GJBC	土十月金
塌	GASM	土日尸一

塊	GHI	土竹戈	量	ABJJ	日月十十	煞	NKF	弓大火
奧	HBK	竹月大	暖	ABME	日月一水	爺	CKSJL	金大尸十中
嫁	VJMO	女十一人	會	OMWA	人一田日	獅	KHHRB	大竹竹口月
嫉	VKOK	女大人大	楚	DDNYO	木木弓卜人	猿	KHGRV	大竹土口女
嫌	VTXC	女廿難金	業	TCTD	廿金廿木	猾	KHBBB	大竹月月月
媽	VSQF	女尸手火	極	DMEM	木一水一	瑚	MGJRB	一土十口月
幹	JJOMJ	十十人一十	椰	DSJL	木尸十中	瑟	MGPH	一土心竹
廉	ITXC	戈廿難金	概	DAIU	木日戈山	瑞	MGUMB	一土山一月
廈	IMUE	戈一山水	楊	DAMH	木日一竹	甄	MGMVN	一土一女弓
彙	VMBWD	女一月田木	歇	AVNO	日女弓人	當	FBRW	火月口田
微	HOUUK	竹人山山大	歲	YMIHH	卜一戈竹竹	痰	KFF	大火火
意	YTAP	卜廿日心	毀	HGHNE	竹土竹弓水	痴	KOKR	大人大口
愚	WBP	田月心	殿	SCHNE	尸金竹弓水	盞	IIBT	戈戈月廿
感	IRP	戈口心	溢	ETCT	水廿金廿	盟	ABBT	日月月廿
想	DUP	木山心	溯	ETUB	水廿山月	睛	BUQMB	月山手一月
愛	BBPE	月月心水	溶	EJCR	水十金口	睦	BUGCG	月山土金土
惹	TKRP	廿大口心	滋	ETVI	水廿女戈	督	YEBU	卜水月山
愁	HFP	竹火心	源	EMHF	水一竹火	睹	BUJKA	月山十大日
愈	OMBP	人一月心	溝	ETTB	水廿廿月	睜	BUBSD	月山月尸木
慎	PJBC	心十月金	滅	EIHF	水戈竹火	矮	OKHDV	人大竹木女
慌	PTYU	心廿卜山	溼	EMVG	水一女土	碰	MRTTC	一口廿廿金
愧	PHI	心竹戈	溺	ENMM	水弓一一	碗	MRJNU	一口十弓山
搓	QTQM	手廿手一	滑	EBBB	水月月月	碎	MRYOJ	一口卜人十
搞	QYRB	手卜口月	準	EGJ	水土十	碌	MRVNE	一口女弓水
搭	QTOR	手廿人口	溜	EHHW	水竹竹田	碑	MRHHJ	一口竹竹十
搬	QHYE	手竹卜水	滄	EOIR	水人戈口	禁	DDMMF	木木一一火
搏	QIBI	手戈月戈	滔	EBHX	水月竹難	福	IFMRW	戈火一口田
損	QRBC	手口月金	溪	EBVK	水月女大	禍	IFBBR	戈火月月口
搶	QOIR	手人戈口	煎	TBNF	廿月弓火	禽	OYUB	人卜山月
搖	QBOU	手月人山	煙	FMWG	火一田土	稚	HDOG	竹木人土
搗	QHAU	手竹日山	煩	FMBC	火一月金	稠	HDBGR	竹木月土口
敬	TROK	廿口人大	煤	FTMD	火廿一木	窟	JCSUU	十金尸山山
新	YDHML	卜木竹一中	煉	FDWF	火木田火	筷	HPDK	竹心木大
暗	AYTA	日卜廿日	照	ARF	日口火	節	HAIL	竹日戈中
暉	ABJJ	日月十十	煌	FHAG	火竹日土	粵	HWMVS	竹田一女尸
暇	ARYE	日口卜水	煥	FNBK	火弓月大	經	VFMVM	女火一女一

香港小學生倉頡字典

綁	VFQJL	女火手十中	裔	YVBCR	卜女月金口	過	YBBR	卜月月口
置	WLJBM	田中十月一	裝	VGYHV	女土卜竹女	遍	YHSB	卜竹尸月
罩	WLYAJ	田中卜日十	裏	YWGV	卜田土女	逾	YOMN	卜人一弓
罪	WLLMY	田中中一卜	裸	LWD	中田木	酬	MWILL	一田戈中中
署	WLJKA	田中十大日	解	NBSHQ	弓月尸竹手	鉛	CCR	金金口
義	TGHQI	廿土竹手戈	該	YRYVO	卜口卜女人	鈴	COII	金人戈戈
羨	TGEIO	廿土水戈人	詳	YRTQ	卜口廿手	閘	ANWL	日弓田中
群	SRTQ	尸口廿手	試	YRIPM	卜口戈心一	隔	NLMRB	弓中一口月
聖	SRHG	尸口竹土	詩	YRGDI	卜口土木戈	隙	NLFHF	弓中火竹火
聘	SJLWS	尸十中田尸	誇	YRKMS	卜口大一尸	雷	MBW	一月田
肅	LX	中難	誠	YRIHS	卜口戈竹尸	電	MBWU	一月田山
肆	SILQ	尸戈中手	話	YRHJR	卜口竹十口	零	MBOII	一月人戈戈
腰	BMWV	月一田女	詭	YRNMU	卜口弓一山	靴	TJOP	廿十人心
腸	BAMH	月日一竹	詢	YRPA	卜口心日	預	NNMBC	弓弓一月金
腥	BAHM	月日竹一	賊	BCIJ	月金戈十	頑	MUMBC	一山一月金
腳	BCRL	月金口中	資	IOBUC	戈人月山金	頓	PUMBC	心山一月金
腫	BHJG	月竹十土	賄	BCKB	月金大月	頒	CHMBC	金竹一月金
腹	BOAE	月人日水	賂	BCHER	月金竹水口	頌	CIMBC	金戈一月金
腦	BVVW	月女女田	跡	RMYLC	口一卜中金	飼	OISMR	人戈尸一口
膀	BYBS	月卜月尸	跟	RMAV	口一日女	飽	OIPRU	人戈心口山
舅	HXWKS	竹難田大尸	跨	RMKMS	口一大一尸	飾	OIOLB	人戈人中月
與	HXYC	竹難卜金	路	RMHER	口一竹水口	馳	SFPD	尸火心木
艇	HYNKG	竹卜弓大土	跳	RMLMO	口一中一人	馴	SFLLL	尸火中中中
萬	TWLB	廿田中月	跪	RMNMU	口一弓一山	鼎	BUVML	月山女一中
菰	TNDO	廿弓木人	跤	RMYCK	口一卜金大	鼓	GTJE	土廿十水
落	TEHR	廿水竹口	躬	HHHND	竹竹竹弓木	鼠	HXVYV	竹難女卜女
葵	TNOK	廿弓人大	較	JJYCK	十十卜金大		十四劃	
葫	TJRB	廿十口月	載	JIJWJ	十戈十田十	傭	OHSG	人竹尸土
葉	TPTD	廿心廿木	農	TWMMV	廿田一一女	僥	OGGU	人土土山
葬	TMPT	廿一心廿	運	YBJJ	卜月十十	僕	OTCO	人廿金人
葛	TAPV	廿日心女	遊	YYSD	卜卜尸木	像	ONAO	人弓日人
葡	TPIB	廿心戈月	道	YTHU	卜廿竹山	僑	OHKB	人竹大月
蔥	THWP	廿竹田心	達	YGTQ	卜土廿手	凳	NTHN	弓廿竹弓
號	RSYPU	口尸卜心山	逼	YMRW	卜一口田	劃	LMLN	中一中弓
蜓	LINKG	中戈弓大土	達	YDMQ	卜木一手	厭	MABK	一日月大
蜂	LIHEJ	中戈竹水十	遇	YWLB	卜田中月	嗽	RDLO	口木中人

嘔	RSRR	口尸口口	慚	PJJL	心十十中	漁	ENWF	水弓田火
嘉	GRTR	土口廿口	慘	PIIH	心戈戈竹	滲	EIIH	水戈戈竹
嘗	FBRPA	火月口心日	截	JIOG	十戈人土	熙	SUF	尸山火
嘈	RTWA	口廿田日	摘	QYCB	手卜金月	熊	IPF	戈心火
團	WJII	田十戈戈	摔	QYIJ	手卜戈十	熄	FHUP	火竹山心
圖	WRYW	田口卜田	撇	QFBK	手火月大	熒	FFBF	火火月火
塵	IPG	戈心土	摸	QTAK	手廿日大	熏	HGF	竹土火
境	GYTU	土卜廿山	摟	QLWV	手中田女	獄	KHYRK	大竹卜口大
墓	TAKG	廿日大土	摺	QSMA	手尸一日	瑣	MGFBC	一土火月金
墊	GIG	土戈土	摧	QUOG	手山人土	瑰	MGYHI	一土卜竹戈
墅	WNG	田弓土	敲	YBYE	卜月卜水	疑	PKNIO	心大弓戈人
壽	GNMI	土弓一戈	旗	YSOTC	卜尸人廿金	瘋	KHNI	大竹弓戈
夥	WDNIN	田木弓戈弓	暢	LLAMH	中中日一竹	瘦	KHXE	大竹難水
夢	TWLN	廿田中弓	榜	DYBS	木卜月尸	盡	LMFBT	中一火月廿
奪	KOGI	大人土戈	榕	DJCR	木十金口	監	SIBT	尸戈月廿
嫩	VDLK	女木中大	榮	FFBD	火火月木	瞄	BUTW	月山廿田
寞	JTAK	十廿日大	構	DTTB	木廿廿月	睡	BUHJM	月山竹十一
寧	JPBN	十心月弓	槍	DOIR	木人戈口	碟	MRPTD	一口心廿木
寡	JMCH	十一金竹	歉	TCNO	廿金弓人	碧	MAMR	一日一口
寥	JSMH	十尸一竹	歌	MRNO	一口弓人	碩	MRMBC	一口一月金
實	JWJC	十田十金	演	EJMC	水十一金	種	HDHJG	竹木竹十土
寢	JVME	十女一水	滾	EYCV	水卜金女	稱	HDBGB	竹木月土月
察	JBOF	十月人火	漓	EYUB	水卜山月	窪	JCEGG	十金水土土
對	TGDI	廿土木戈	滴	EYCB	水卜金月	窩	JCBBR	十金月月口
屢	SLLV	尸中中女	漬	EQMC	水手一金	竭	YTAPV	卜廿日心女
嶇	USRR	山尸口口	漠	ETAK	水廿日大	端	YTUMB	卜廿山一月
幣	FKLB	火大中月	漏	ESMB	水尸一月	管	HJRR	竹十口口
幕	TAKB	廿日大月	漂	EMWF	水一田火	算	HBUT	竹月山廿
廓	IYDL	戈卜木中	漢	ETLO	水廿中人	箏	HBSD	竹月尸木
弊	FKT	火大廿	滿	ETLB	水廿中月	粹	FDYOJ	火木卜人十
彰	YJHHH	卜十竹竹竹	滯	EKPB	水大心月	精	FDQMB	火木手一月
慈	TVIP	廿女戈心	漆	EDOE	水木人水	綻	VFJMO	女火十一人
態	IPP	戈心心	漱	EDLO	水木中人	綜	VFJMF	女火十一火
慷	PILE	心戈中水	漸	EJJL	水十十中	綽	VFYAJ	女火卜日十
慢	PAWE	心日田水	漲	ENSV	水弓尸女	緊	SEVIF	尸水女戈火
慣	PWJC	心田十金	漫	EAWE	水日田水	綴	VFEEE	女火水水水

95

香港小學生倉頡字典

香港小學生倉頡字典

字	碼	拆碼		字	碼	拆碼		字	碼	拆碼
網	VFBTV	女火月廿女		誓	QLYMR	手中卜一口		魁	HIYJ	竹戈卜十
綢	VFBTU	女火月廿山		誤	YRRVK	卜口口女大		魂	MIHI	一戈竹戈
綺	VFKMR	女火大一口		說	YRCRU	卜口金口山		鳴	RHAF	口竹日火
緒	VFJKA	女火十大日		誘	YRHDS	卜口竹木尸		鳳	HNMAF	竹弓一日火
綠	VFVNE	女火女弓水		豪	YRBO	卜口月人		麼	IDVI	戈木女戈
綢	VFBGR	女火月土口		貌	BHHAU	月竹竹日山		鼻	HUWML	竹山田一中
綿	VFHAB	女火竹日月		賓	JMHC	十一竹金		齊	YX	卜難
綵	VFBD	女火月木		趕	GOAMJ	土人日一十				
維	VFOG	女火人土		輔	JJIJB	十十戈十月		**十五劃**		
罰	WLYRN	田中卜口弓		輕	JJMVM	十十一女一		億	OYTP	人卜廿心
翠	SMYOJ	尸一卜人十		辣	YJDL	卜十木中		儀	OTGI	人廿土戈
聞	ANSJ	日弓尸十		遠	YGRV	卜土口女		僻	OSRJ	人尸口十
聚	SEOOO	尸水人人人		遜	YNDF	卜弓木火		僵	OMWM	人一田一
腐	IIOBO	戈戈人月人		遣	YLMR	卜中一口		價	OMWC	人一田金
膏	YRBB	卜口月月		遙	YBOU	卜月人山		儉	OOMO	人人一人
腿	BYAV	月卜日女		遞	YHYU	卜竹卜山		凜	IMYWD	戈一卜田木
舞	OTNIQ	人廿弓戈手		鄙	RWNL	口田弓中		劇	YOLN	卜人中弓
蓄	TYVW	廿卜女田		酵	MWJKD	一田十大木		劈	SJSH	尸十尸竹
蒙	TBMO	廿月一人		酸	MWICE	一田戈金水		劍	OOLN	人人中弓
蒜	TMFF	廿一火火		酷	MWHGR	一田竹土口		厲	MTWB	一廿田月
蓋	TGIT	廿土戈廿		銀	CAV	金日女		嘲	RJJB	口十十月
蒸	TNEF	廿弓水火		銅	CBMR	金月一口		嘩	RTMJ	口廿一十
蒼	TOIR	廿人戈口		銘	CNIR	金弓戈口		噴	RJTC	口十廿金
蓆	TITB	廿戈廿月		衞	HOCMN	竹人金一弓		增	GCWA	土金田日
蜜	JPHI	十心竹戈		閣	ANHER	日弓竹水口		墳	GJTC	土十廿金
蜻	LIQMB	中戈手一月		障	NLYTJ	弓中卜廿十		墜	NOG	弓人土
蜘	LIOKR	中戈人大口		際	NLBOF	弓中月人火		墮	NBG	弓月土
蝕	OILMI	人戈中一戈		雌	YMPOG	卜一心人土		墟	GYPM	土卜心一
裳	FBRYV	火月口卜女		需	MBMBL	一月一月中		墨	WGFG	田土火土
裹	YWDV	卜田木女		頗	DEMBC	木水一月金		嬉	VGRR	女土口口
製	HNYHV	竹弓卜竹女		領	OIMBC	人戈一月金		嬌	VHKB	女竹大月
複	LOAE	中人日水		颱	HNHJR	竹弓竹十口		寬	JTBI	十廿月戈
誦	YRNIB	卜口弓戈月		餃	OIYCK	人戈卜金大		審	JHDW	十竹木田
誌	YRGP	卜口土心		餅	OITT	人戈廿廿		寫	JHXF	十竹難火
語	YRMMR	卜口一一口		駁	SFKK	尸火大大		層	SCWA	尸金田日
認	YRSIP	卜口尸戈心		航	BBYHN	月月卜竹弓		履	SHOE	尸竹人水
								幢	LBYTG	中月卜廿土

96

幟	LBYIA	中月卜戈日	播	QHDW	手竹木田	熬	GKF	土大火
廢	INOE	戈弓人水	撫	QOTF	手人廿火	熱	GIF	土戈火
廚	IGTI	戈土廿戈	敵	YBOK	卜月人大	獎	VIIK	女戈戈大
廟	IJJB	戈十十月	敷	ISOK	戈尸人大	瑩	FFBMI	火火月一戈
廣	ITMC	戈廿一金	數	LVOK	中女人大	璃	MGYUB	一土卜山月
廠	IFBK	戈火月大	暮	TAKA	廿日大日	瘡	KOIR	大人戈口
彈	NRRJ	弓口口十	暫	JLA	十中日	皺	PUDHE	心山木竹水
影	AFHHH	日火竹竹竹	暴	ATCE	日廿金水	盤	HEBT	竹水月廿
徹	HOYBK	竹人卜月大	樣	DTGE	木廿土水	瞎	BUJQR	月山十手口
德	HOJWP	竹人十田心	椿	DQKX	木手大難	瞇	BUYFD	月山卜火木
徵	HOUGK	竹人山土大	樞	DSRR	木尸口口	瞌	BUGIT	月山土戈廿
慶	IXE	戈難水	樑	DEID	木水戈木	磁	MRTVI	一口廿女戈
慧	QJSMP	手十尸一心	標	DMWF	木一田火	磋	MRTQM	一口廿手一
慮	YPWP	卜心田心	槽	DTWA	木廿田日	磅	MRYBS	一口卜月尸
慕	TAKP	廿日大心	模	DTAK	木廿日大	確	MROBG	一口人月土
憂	MBPHE	一月心竹水	樓	DLWV	木中田女	磊	MRMRR	一口一口口
慰	SIP	尸戈心	槳	VID	女戈木	碼	MRSQF	一口尸手火
慾	COP	金人心	樂	VID	女戈木	稿	HDYRB	竹木卜口月
憐	PFDQ	心火木手	歐	SRNO	尸口弓人	穀	GDHNE	土木竹弓水
憫	PANK	心日弓大	歎	TONO	廿人弓人	稽	HDIUA	竹木戈山日
憤	PJTC	心十廿金	毅	YOHNE	卜人竹弓水	稻	HDBHX	竹木月竹難
撤	QYBK	手卜月大	毆	SRHNE	尸口竹弓水	窮	JCHHN	十金竹竹弓
摩	IDQ	戈木手	澈	EYBK	水卜月大	箭	HTBN	竹廿月弓
摯	GIQ	土戈手	漿	VIE	女戈水	箱	HDBU	竹木月山
摹	TAKQ	廿日大手	澄	ENOT	水弓人廿	篇	HHSB	竹竹尸月
撞	QYTG	手卜廿土	潑	ENOE	水弓人水	範	HJJU	竹十十山
撈	QFFS	手火火尸	潔	EQHF	水手竹火	糊	FDJRB	火木十口月
撰	QRUC	手口山金	澆	EGGU	水土土山	締	VFYBB	女火卜月月
撲	QTCO	手廿金人	潭	EMWJ	水一田十	練	VFDWF	女火木田火
撐	QFBQ	手火月手	潛	EMUA	水一山日	緻	VFMGK	女火一土大
撥	QNOE	手弓人水	潮	EJJB	水十十月	編	VFHSB	女火竹尸月
撓	QGGU	手土土山	澎	EGTH	水土廿竹	緬	VFMWL	女火一田中
撕	QTCL	手廿金中	潰	ELMC	水中一金	緝	VFRSJ	女火口尸十
撩	QKCF	手大金火	潤	EANG	水日弓土	緣	VFVNO	女火女弓人
撒	QTBK	手廿月大	澗	EANB	水日弓月	線	VFHBE	女火竹月水
撮	QASE	手日尸水	熟	YIF	卜戈火	緞	VFHJE	女火竹十水

香港小學生倉頡字典

緩	VFBME	女火月一水	豎	SEMRT	尸水一口廿	鋤	CBMS	金月一尸
罵	WLSQF	田中尸手火	豬	MOJKA	一人十大日	鋒	CHEJ	金竹水十
罷	WLIBP	田中戈月心	賠	BCYTR	月金卜廿口	閱	ANCRU	日弓金口山
翩	HBSMM	竹月尸一一	賦	BCMPM	月金一心一	震	MBMMV	一月一一女
膝	BDOE	月木人水	賬	BCSMV	月金尸一女	霉	MBOWY	一月人田卜
膜	BTAK	月廿日大	賞	FBRBC	火月口月金	靠	HGRLY	竹土口中卜
膠	BSMH	月尸一竹	賤	BCII	月金戈戈	鞍	TJJV	廿十十女
膚	YPWB	卜心田月	賭	BCJKA	月金十大日	鞋	TJGG	廿十土土
艘	HYHXE	竹卜竹難水	賢	SEBUC	尸水月山金	鞏	MNTLJ	一弓廿中十
蔗	TITF	廿戈廿火	賣	GWLC	土田中金	颳	HNMJR	竹弓一十口
蔽	TFBK	廿火月大	賜	BCAPH	月金日心竹	養	TOIAV	廿人戈日女
蔚	TSFI	廿尸火戈	質	HLBUC	竹中月山金	餓	OIHQI	人戈竹手戈
蓮	TYJJ	廿卜十十	趟	GOFBR	土人火月口	餘	OIOMD	人戈人一木
蔭	TNLI	廿弓中戈	趣	GOSJE	土人尸十水	駝	SFJP	尸火十心
蔓	TAWE	廿日田水	踐	RMII	口一戈戈	駐	SFYG	尸火卜土
蔔	TPMW	廿心一田	踢	RMAPH	口一日心竹	駛	SFLK	尸火中大
蓬	TYHJ	廿卜竹十	踏	RMEA	口一水日	駕	KRSQF	大口尸手火
螂	LIIIL	中戈戈戈中	踩	RMBD	口一月木	髮	SHIKK	尸竹戈大大
蝴	LIJRB	中戈十口月	躺	HHFBR	竹竹火月口	鬧	LNYLB	中弓卜中月
蝶	LIPTD	中戈心廿木	輝	FUBJJ	火山月十十	魅	HIJD	竹戈十木
蝦	LIRSE	中戈口尸水	輔	JJMLB	十十一中月	魄	HAHI	竹日竹戈
蝸	LIBBR	中戈月月口	輩	LYJWJ	中卜十田十	魯	NWFA	弓田火日
衝	HOHGN	竹人竹土弓	輪	JJOMB	十十人一月	鴉	MHHAF	一竹竹日火
褲	LIJJ	中戈十十	適	YYCB	卜卜金月	黎	HHOE	竹竹人水
褒	YODV	卜人木女	遮	YITF	卜戈廿火	齒	YMUOO	卜一山人人
褪	LYAV	中卜日女	遭	YTWA	卜廿田日			
誼	YRJBM	卜口十月一	遷	YMWU	卜一田山	**十六劃**		
諒	YRYRF	卜口卜口火	遴	YFDQ	卜火木手	儒	OMBB	人一月月
談	YRFF	卜口火火	鄰	FQNL	火手弓中	儘	OLMT	人中一廿
誕	YRNKM	卜口弓大一	鄭	TKNL	廿大弓中	凝	IMPKO	戈一心大人
請	YRQMB	卜口手一月	醇	MWYRD	一田卜口木	劑	YXLN	卜難中弓
諸	YRJKA	卜口十大日	醉	MWYOJ	一田卜人十	嘴	RYPB	口卜心月
課	YRWD	卜口田木	醋	MWTA	一田廿日	噩	MGRR	一土口口
調	YRBGR	卜口月土口	銳	CCRU	金金口山	噪	RRRD	口口口木
誰	YROG	卜口人土	銷	CFB	金火月	器	RRIKR	口口戈大口
論	YROMB	卜口人一月	鋪	CIJB	金戈十月	壁	SJG	尸十土
						墾	BVG	月女土

壇	GYWM	土卜田一	濁	EWLI	水田中戈	融	MBLMI	一月中一戈
奮	KOGW	大人土田	澳	EHBK	水竹月大	衡	HONKN	竹人弓大弓
學	HBND	竹月弓木	激	EHSK	水竹尸大	衛	HODQN	竹人木手弓
導	YUDI	卜山木戈	熾	FYIA	火卜戈日	親	YDBUU	卜木月山山
憑	IFP	戈火心	燒	FGGU	火土土山	諱	YRDMQ	卜口木一手
憩	HUP	竹山心	燈	FNOT	火弓人廿	謀	YRTMD	卜口廿一木
憶	PYTP	心卜廿心	燕	TLPF	廿中心火	諧	YRPPA	卜口心心日
憾	PIRP	心戈口心	燙	EHF	水竹火	諮	YRIOR	卜口戈人口
懊	PHBK	心竹月大	燃	FBKF	火月大火	諾	YRTKR	卜口廿大口
懈	PNBQ	心弓月手	獨	KHWLI	大竹田中戈	謂	YRWB	卜口田月
懂	PTHG	心廿竹土	瞞	BUTLB	月山廿中月	諷	YRHNI	卜口竹弓戈
戰	RJI	口十戈	磨	IDMR	戈木一口	豫	NNNAO	弓弓弓日人
擅	QYWM	手卜田一	磚	MRJII	一口十戈戈	貓	BHTW	月竹廿田
擁	QYVG	手卜女土	禦	HLMMF	竹中一一火	賴	DLSHC	木中尸竹金
擋	QFBW	手火月田	積	HDQMC	竹木手一金	蹄	RMYBB	口一卜月月
撼	QIRP	手戈口心	穎	PDMBC	心木一月金	踱	RMITE	口一戈廿水
據	QYPO	手卜心人	窺	JCQOU	十金手人山	躓	RMNBS	口一弓月尸
擇	QWLJ	手田中十	築	HMND	竹一弓木	輯	JJRSJ	十十口尸十
操	QRRD	手口口木	篩	HHRB	竹竹口月	輸	JJOMN	十十人一弓
擔	QNCR	手弓金口	糕	FDTGF	火木廿土火	辨	YJILJ	卜十戈中十
撿	QOMO	手人一人	糖	FDILR	火木戈中口	辦	YJKSJ	卜十大尸十
整	DKMYM	木大一卜一	縛	VFIBI	女火戈月戈	遵	YTWI	卜廿田戈
曆	MDA	一木日	縣	BFHVF	月火竹女火	選	YRUC	卜口山金
曉	AGGU	日土土山	膩	BIPC	月戈心金	遲	YSYQ	卜尸卜手
橙	DNOT	木弓人廿	膨	BGTH	月土廿竹	遼	YKCF	卜大金火
橫	DTMC	木廿一金	興	HXBC	竹難月金	遺	YLMC	卜中一金
橘	DNHB	木弓竹月	舉	HCQ	竹金手	醒	MWAHM	一田日竹一
樹	DGTI	木土廿戈	艙	HYOIR	竹卜人戈口	錶	CQMV	金手一女
樸	DTCO	木廿金人	蔬	TNMU	廿弓一山	鋸	CSJR	金尸十口
橡	DNAO	木弓日人	蕊	TPPP	廿心心心	錯	CTA	金廿日
橋	DHKB	木竹大月	蕩	TEAH	廿水日竹	錢	CII	金戈戈
機	DVII	木女戈戈	蕉	TOGF	廿人土火	鋼	CBTU	金月廿山
歷	MDYLM	一木卜中一	蕪	TOTF	廿人廿火	錄	CVNE	金女弓水
澡	ERRD	水口口木	螃	LIYBS	中戈卜月尸	錦	CHAB	金竹日月
濃	ETWV	水廿田女	螞	LISQF	中戈尸手火	隧	NLYTO	弓中卜廿人
澤	EWLJ	水田中十	螢	FFBLI	火火月中戈	隨	NLYKB	弓中卜大月

香港小學生倉頡字典

字	碼	拆碼
險	NLOMO	弓中人一人
雕	BROG	月口人土
霍	MBOG	一月人土
靜	QBBSD	手月月尸木
頰	KOMBC	大人一月金
頸	MMMBC	一一一月金
頻	YHMBC	卜竹一月金
頭	MTMBC	一廿一月金
頹	HUMBC	竹山一月金
餐	YEOIV	卜水人戈女
館	OIJRR	人戈十口口
駱	SFHER	尸火竹水口
骼	BBHER	月月竹水口
鮑	NFPRU	弓火心口山
鴨	WLHAF	田中竹日火
默	WFIK	田火戈大
龍	YBYSP	卜月卜尸心

十七劃

優	OMBE	人一月水
償	OFBC	人火月金
儲	OYRA	人卜口日
勵	MBKS	一月大尸
嚀	RJPN	口十心弓
嚇	RGCC	口土金金
壓	MKG	一大土
嬰	BCV	月金女
尷	KUSIT	大山尸戈廿
嶼	UHXC	山竹難金
嶺	UOIC	山人戈金
幫	GIHAB	土戈竹日月
彌	NMFB	弓一火月
徽	HOUFK	竹人山火大
應	IOGP	戈人土心
懇	BVP	月女心
戲	YTI	卜廿戈
戴	JIWTC	十戈田廿金

擎	TKQ	廿大手
擊	JEQ	十水手
擠	QYX	手卜難
擦	QJBF	手十月火
擬	QPKO	手心大人
擱	QANR	手日弓口
斃	FKMNP	火大一弓心
檔	DFBW	木火月田
檢	DOMO	木人一人
濱	EJMC	水十一金
濟	EYX	水卜難
濛	ETBO	水廿月人
濤	EGNI	水土弓戈
濫	ESIT	水尸戈廿
澀	ESIM	水尸戈一
營	FFBRR	火火月口口
燦	FYED	火卜水木
燥	FRRD	火口口木
燭	FWLI	火田中戈
爵	BWLI	月田中戈
牆	VMGOW	女一土人田
獲	KHTOE	大竹廿人水
環	MGWLV	一土田中女
癌	KRRU	大口口山
療	KKCF	大大金火
盪	EHBT	水竹月廿
瞪	BUNOT	月山弓人廿
瞰	BUMJK	月山一十大
瞬	BUBBQ	月山月月手
瞧	BUOGF	月山人土火
瞭	BUKCF	月山大金火
矯	OKHKB	人大竹大月
礁	MROGF	一口人土火
禮	IFTWT	戈火廿田廿
簇	HYSK	竹卜尸大
篷	HYHJ	竹卜竹十

冀	FDWTC	火木田廿金
糟	FDTWA	火木廿田日
糙	FDYHR	火木卜竹口
縮	VFJOA	女火十人日
績	VFQMC	女火手一金
縷	VFLWV	女火中田女
繃	VFUBB	女火山月月
縫	VFYHJ	女火卜竹十
總	VFHWP	女火竹田心
縱	VFHOO	女火竹人人
繁	OKVIF	人大女戈火
翼	SMWTC	尸一田廿金
聲	GESJ	土水尸十
聰	SJHWP	尸十竹田心
聯	SJVIT	尸十女戈廿
聳	HOSJ	竹人尸十
臂	SJB	尸十月
膽	BNCR	月弓金口
臉	BOMO	月人一人
臨	SLORR	尸中人口口
艱	TOAV	廿人日女
蕭	TLX	廿中難
薪	TYDL	廿卜木中
薄	TEII	廿水戈戈
蕾	TMBW	廿一月田
薑	TMWM	廿一田一
薯	TWLA	廿田中日
虧	YGMMS	卜土一一尸
蟑	LIYTJ	中戈卜廿十
螺	LIWVF	中戈田女火
謎	YRYFD	卜口卜火木
謙	YRTXC	卜口廿難金
講	YRTTB	卜口廿廿月
謊	YRTYU	卜口廿卜山
謠	YRBOU	卜口月山山
謝	YRHHI	卜口竹竹戈

小學生學速成倉頡

賺	BCTXC	月金廿難金
賽	JTCC	十廿金金
購	BCTTB	月金廿廿月
趨	GOPUU	土人心山山
蹈	RMBHX	口一月竹難
輾	JJSTV	十十尸廿女
避	YSRJ	卜尸口十
還	YWLV	卜田中女
邁	YTWB	卜廿田月
邀	YHSK	卜竹尸大
醜	MWHI	一田竹戈
鍵	CNKQ	金弓大手
鍋	CBBR	金月月口
鍾	CHJG	金竹十土
鍛	CHJE	金竹十水
闊	ANEHW	日弓水竹田
闈	ANRRR	日弓口口口
隱	NLBMP	弓中月一心
隸	DFLE	木火中水
雖	RIOG	口戈人土
霜	MBDBU	一月木月山
霞	MBRYE	一月口卜水
鞠	TJPFD	廿十心火木
顆	WDMBC	田木一月金
餵	OIWMV	人戈田一女
鮮	NFTQ	弓火廿手
鴿	ORHAF	人口竹日火
黏	HEYR	竹水卜口
點	WFYR	田火卜口
齋	YXF	卜難火

十八劃

叢	TCTE	廿金廿水
嚮	VLHBR	女中竹月口
壘	WWWG	田田田土
嬸	VJHW	女十竹田
擴	QITC	手戈廿金

擲	QTKL	手廿大中
擾	QMBE	手一月水
擺	QWLP	手田中心
斷	VIHML	女戈竹一中
朦	BTBO	月廿月人
檬	DTBO	木廿月人
櫃	DSLC	木尸中金
檸	DJPN	木十心弓
檻	DGWG	木土口土
歸	HMSMB	竹一尸一月
瀉	EJHF	水十竹火
濾	EYPP	水卜心心
濺	EBCI	水月金戈
瀑	EATE	水日廿水
瀏	EHCN	水竹金弓
獵	KHVVV	大竹女女女
璧	SJMGI	尸十一土戈
礎	MRDDO	一口木木人
禱	IFGNI	戈火土弓戈
穢	HDYMH	竹木卜一竹
竄	JCHXV	十金竹難女
竅	JCHSK	十金竹尸大
簡	HANA	竹日弓日
糧	FDAMG	火木日一土
織	VFYIA	女火卜戈日
繞	VFGGU	女火土土山
繚	VFKCF	女火大金火
翹	GUSMM	土山尸一一
翻	HWSMM	竹田尸一一
職	SJYIA	尸十卜戈日
舊	TOGX	廿人土難
藏	TIMS	廿戈一尸
藍	TSMT	廿尸一廿
藉	TQDA	廿手木日
蟬	LIRRJ	中戈口口十
蟲	LILII	中戈中戈戈

襟	LDDF	中木木火
燠	FHBK	火竹月大
覆	MWHOE	一田竹人水
謹	YRTLM	卜口廿中一
謬	YRSMH	卜口尸一竹
豐	UJMRT	山十一口廿
蹦	RMUBB	口一山月月
蹤	RMHOO	口一竹人人
軀	HHSRR	竹竹尸口口
轉	JJJII	十十十戈戈
醫	SEMCW	尸水一金田
醬	VIMCW	女戈一金田
釐	JKMWG	十大一田土
鎖	CFBC	金火月金
鎮	CJBC	金十月金
闖	ANSQF	日弓尸手火
雜	YDOG	卜木人土
雙	OGE	人土水
雛	PUOG	心山人土
雞	BKOG	月大人土
鞭	TJHDF	廿十竹木火
鞭	TJOMK	廿十人一大
額	JRMBC	十口一月金
顏	YHMBC	卜竹一月金
題	AOMBC	日人一月金
騎	SFKMR	尸火大一口
鬆	SHDCI	尸竹木金戈
鯊	EHNWF	水竹弓田火
鵑	RBHAF	口月竹日火
鵝	HIHAF	竹戈竹日火
麵	JNMWL	十弓一田中
龜	NXU	弓難山

十九劃

嚨	RYBP	口卜月心
壞	GYWV	土卜田女
寵	JYBP	十卜月心

101

香港小學生倉頡字典

懲	HKP	竹大心	譜	YRTCA	卜口廿金日	爐	FYPT	火卜心廿
懷	PYWV	心卜田女	識	YRYIA	卜口卜戈日	犧	HQTGS	竹手廿土尸
懶	PDLC	心木中金	證	YRNOT	卜口弓人廿	獻	YBIK	卜月戈大
攀	DDKQ	木木大手	譏	YRVII	卜口女戈戈	癢	KTOV	大廿人女
攏	QYBP	手卜月心	贈	BCCWA	月金金田日	礦	MRITC	一口戈廿金
曠	AITC	日戈廿金	贊	HUBUC	竹山月山金	競	YUYTU	卜山卜廿山
曝	AATE	日日廿水	蹲	RMTWI	口一廿田戈	籌	HGNI	竹土弓戈
櫥	DIGI	木戈土戈	轎	JJHKB	十十竹大月	籃	HSIT	竹尸戈廿
瀨	EYHC	水卜竹金	辭	BBYTJ	月月卜廿十	籍	HQDA	竹手木日
爆	FATE	火日廿水	邊	YHUS	卜竹山尸	續	VFJMC	女火十一金
爍	FVID	火女戈木	鏡	CYTU	金卜廿山	辯	YJVFJ	卜十女火十
獸	RRIK	口口戈大	鏟	CYHM	金卜竹一	繼	VFVVI	女火女女戈
瓣	YJHOJ	卜十竹人十	鏈	CYJJ	金卜十十	耀	FUSMG	火山尸一土
疆	NGMWM	弓土一田一	關	ANVIT	日弓女戈廿	艦	HYSIT	竹卜尸戈廿
矇	BUTBO	月山廿月人	離	YBOG	卜月人土	藻	TERD	廿水口木
礙	MRPKO	一口心大人	難	TOOG	廿人人土	藹	TYRV	廿卜口女
穫	HDTOE	竹木廿人水	霧	MBNHS	一月弓竹尸	蘆	TYPT	廿卜心廿
穩	HDBMP	竹木月一心	韻	YARBC	卜日口月金	蘋	TYHC	廿卜竹金
簾	HITC	竹戈廿金	類	FKMBC	火大一月金	蘇	TNFD	廿弓火木
簿	HEII	竹水戈戈	願	MFMBC	一火一月金	襪	LTWI	中廿田戈
簽	HOMO	竹人一人	顛	JCMBC	十金一月金	覺	HBBUU	竹月月山山
籌	HNCR	竹弓金口	騙	SFHSB	尸火竹尸月	觸	NBWLI	弓月田中戈
繡	VFLX	女火中難	鬍	SHJRB	尸竹十口月	議	YRTGI	卜口廿土戈
繫	JEVIF	十水女戈火	鯨	NFYRF	弓火卜口火	警	TKYMR	廿大卜一口
繭	TBLI	廿月中戈	麗	MMBBP	一一月月心	譯	YRWLJ	卜口田中十
繩	VFRXU	女火口難山	龐	IYBP	戈卜月心	贏	YNBBN	卜弓月月弓
繪	VFOMA	女火人一日				躁	RMRRD	口一口口木
繳	VFHSK	女火竹尸大		二十劃		釋	HDWLJ	竹木田中十
羅	WLVFG	田中女火土	勸	TGKS	廿土大尸	鐘	CYTG	金卜廿土
羹	TGFTK	廿土火廿大	嚷	RYRV	口卜口女	飄	MFHNI	一火竹弓戈
臘	BVVV	月女女女	嚴	RRMMK	口口一一大	饒	OIGGU	人戈土土山
藝	TGII	廿土戈戈	嚼	RBWI	口月田戈	饑	OIVII	人戈女戈戈
藤	TBFE	廿月火水	壤	GYRV	土卜口女	馨	GEHDA	土水竹木日
藥	TVID	廿女戈木	寶	JMUC	十一山金	騰	BFQF	月火手火
蘊	TVFT	廿女火廿	懸	BFP	月火心	騷	SFEII	尸火水戈戈
蟻	LITGI	中戈廿土戈	攘	QYRV	手卜口女	鹹	YWIHR	卜田戈竹口
蠅	LIRXU	中戈口難山	攔	QANW	手日弓田	黨	FBRWF	火月口田火
蟹	NQLMI	弓手中一戈	曦	ATGS	日廿土尸	齡	YUOII	卜山人戈戈
			瀟	ETLX	水廿中難			

齣	YUPR	卜山心口

二十一劃

囂	RRMCR	口口一金口
屬	SYYI	尸卜卜戈
巔	UJCC	山十金金
懼	PBUG	心月山土
攝	QSJJ	手尸十十
攜	QUOB	手山人月
朧	BYBP	月卜月心
櫻	DBCV	木月金女
欄	DANW	木日弓田
灌	ETRG	水廿口土
爛	FANW	火日弓田
纏	VFIWG	女火戈田土
續	VFGWC	女火土田金
蘭	TANW	廿日弓田
蠱	QKALI	手大日中戈
蠟	LIVVV	中戈女女女
襯	LYDU	中卜木山
覽	SWBUU	尸田月山山
護	YRTOE	卜口廿人水
響	HCYMR	竹金卜一口
辯	YJYRJ	卜十卜口十
躍	RMSMG	口一尸一土
轟	JJJJJ	十十十十十
鐵	CJIG	金十戈土
闢	ANSRJ	日弓尸口十
霸	MBTJB	一月廿十月
露	MBRMR	一月口一口
響	VLYTA	女中卜廿日
顧	HGMBC	竹土一月金
驅	SFSRR	尸火尸口口
魔	IDHI	戈木竹戈
鶯	FFBHF	火火月竹火
鶴	OGHAF	人土竹日火
黯	WFYTA	田火卜廿日

二十二劃

囊	JBRRV	十月口口女
彎	VFN	女火弓
攤	QTOG	手廿人土
權	DTRG	木廿口土
歡	TGNO	廿土弓人
灑	EMMP	水一一心
灘	ETOG	水廿人土
疊	WWWM	田田田一
癮	KNLP	大弓中心
籠	HYBP	竹卜月心
聾	YPSJ	卜心尸十
聽	SGJWP	尸土十田心
臟	BTIS	月廿戈尸
襲	YPYHV	卜心卜竹女
讀	YRGWC	卜口土田金
鑄	CGNI	金土弓戈
鑒	SWC	尸田金
顫	YMMBC	卜一一月金
驕	SFHKB	尸火竹大月
髒	BBTMT	月月廿一廿
髓	BBYKB	月月卜大月
鬚	SHHHC	尸竹竹竹金
鷗	SRHAF	尸口竹日火

二十三劃

戀	VFP	女火心
攪	QHBU	手竹月山
變	VFOK	女火人大
曬	AMMP	日一一心
竊	JCHDB	十金竹木月
纖	VFOIM	女火人戈一
蘿	TWLG	廿田中土
邏	YWLG	卜田中土
顯	AFMBC	日火一月金
驚	TKSQF	廿大尸手火
驗	SFOMO	尸火人一人
體	BBTWT	月月廿田廿
鱗	NFFDQ	弓火火木手

二十四劃

囑	RSYI	口尸卜戈
壩	GMBB	土一月月
攬	QSWU	手尸田山
矗	JMJMM	十一十一一
罐	OUTRG	人山廿口土
讓	YRYRV	卜口卜口女
釀	MWYRV	一田卜口女
靈	MBRRM	一月口口口
轡	TJYMU	廿十卜一山
驟	SFSEO	尸火尸水人
鷹	IGHBF	戈土竹月火
鹽	SWBT	尸田月廿

二十五劃

廳	ISGP	戈尸土心
灣	EVFN	水女火弓
籤	HOIM	竹人戈一
籬	HYBG	竹卜月土
蠻	VFLMI	女火中一戈
觀	TGBUU	廿土月山山
鑲	CYRV	金卜口女
顱	YTMBC	卜廿一月金

二十六劃

矚	BUSYI	月山尸卜戈
讚	YRHUC	卜口竹山金

二十七劃

纜	VFSWU	女火尸田山
鑽	CHUC	金竹山金
鑼	CWLG	金田中土

二十八劃

豔	UTGIT	山廿土戈廿
鑿	TEC	廿水金

二十九劃

鬱	DDBUH	木木月山竹

三十二劃

籲	HOBC	竹人月金

練習及測考答案

練習及測考答案

練習 01

1.1

川 ノ丿丨

小 亅丶八

同 丨フ一口

永 丶フ亅ノ丶

明 丨一丨一丿一

申 丨フ一一丨

延 ノ丨一一乃乀

1.2

	明	晴	朗
先左後右			
先外後內	同	周	風
先撇後捺	八	扒	人
先進去，後關門	田	圓	園
直畫貫穿最後寫	中	申	伸
「撐艇仔」最後寫	遠	近	連

練習 02（無）

練習 03

輸入的中文字是「第一次打字」。

練習 04（無）

小測考（一）

a. 1. RFVTGB　2. 空格棒　3.「Shift」　4. 按着 Shift，再按空格棒
5. ZXAD　b.（無）　c.（無）

練習 05

Q（手）、E（水）、T（廿）、U（山）、I（戈）、S（尸）、F（火）、H（竹）、K（大）、
L（中）、C（金）、B（月）、N（弓）

練習 06（無）

練習 07

請參考第 22-23 頁的「倉頡字母與所屬輔助字形表」

練習 08

1.B	2.A	3.D	4.D	5.A	6.C	7.D	8.D	9.B	10.C	11.B	12.B
13.B	14.D	15.B	16.D	17.A	18.C	19.C	20.B	21.D	22.C	23.B	24.C
25.D	26.C	27.C	28.A	29.B							

練習 09

1.B	2.A	3.C	4.B	5.C	6.D	7.C	8.A	9.D	10.D	11.D	12.B	13.B

練習 10

1. 仇氧氛	5. 妄糾繼	9. 巧瓦	13. 肅筆	17. 父狐	21. 似泯	25. 卡仆	29. 宗察
2. 抓瓜八	6. 侈外多	10. 會令	14. 尖京	18. 市旮	22. 式武	26. 卓桌	30. 情性
3. 二芸示	7. 寺付才	11. 乩扎	15. 像把	19. 色危	23. 皆化	27. 禾千	
4. 泄她他	8. 伺司	12. 分翁	16. 友各	20. 助盲	24. 勾錫	28. 雨周	

練習 11

1. 拍打	6. 供仔	11. 矢午	16. 城域	21. 遠迎	26. 非排	31. 符笑
2. 妄奴	7. 唱和	12. 康球	17. 昌照	22. 受採	27. 項砰	32. 熱撚
3. 功攻	8. 國園	13. 幻幾	18. 明棚	23. 立妾	28. 表畏	33. 血叢
4. 洪沐	9. 屈拙	14. 埂圳	19. 灰諏	24. 夫伕	29. 恭捗	
5. 利刊	10. 店廠	15. 肖米	20. 苗茸	25. 被襤	30. 李季	

練習 12

1. 之	7. 函目	13. 凹	19. 志仕	25. 邱	31. 昌	37. 銅	43. 獵
2. 乞	8. 瓜爪	14. 毋每	20. 舞	26. 屋	32. 冰	38. 引	44. 思
3. 五	9. 奔	15. 某	21. 左	27. 井	33. 略	39. 邦	45. 遲
4. 順	10. 太	16. 家	22. 取	28. 丫兑	34. 岸	40. 炙	46. 戀
5. 祈	11. 於	17. 其	23. 座	29. 書	35. 掌	41. 聯	
6. 兩	12. 酒	18. 匠	24. 仲	30. 大夾	36. 病	42. 典	

小測考（二）

賣：土田中金｜火：火｜柴：卜心木｜的：竹日心戈｜女：女｜孩：弓木卜女人｜丹：月卜｜
麥：十人弓戈｜的：竹日心戈｜冬：竹水卜｜天：一大｜十：十｜分：金尸竹｜寒：十廿金卜｜
冷：戈一人戈戈｜家：十一尸人｜境：土卜廿山｜貧：金尸竹金｜寒：十廿金卜｜的：竹日心戈｜
小：弓金｜蓮：廿卜十十｜要：一田女｜渡：水戈廿水｜過：卜月月口｜寒：十廿金卜｜
冬：竹水卜｜是：日一卜人｜很：竹人日女｜辛：卜廿十｜苦：廿十口｜的：竹日心戈｜小：弓金｜
蓮：廿卜十十｜今：人戈弓｜年：人手｜十：十｜歲：卜一戈竹竹｜因：田大｜為：戈大弓火｜
家：十一尸人｜裡：中田土｜太：大戈｜窮：十金竹竹弓｜所：竹尸竹一中｜以：女戈人｜
不：一火｜能：戈月心心｜上：卜一｜學：竹月弓木｜讀：卜口土田金｜書：中土日｜

練習 13

13.1

1. 先 HU	10. 慧 QP	2. 明 AB	12. 錯 CA	4. 因 WK
2. 吉 GR	11. 麗 MP	3. 彬 DH	13. 體 BT	5. 回 WR
3. 呂 RR	12. 寶 JC	4. 梯 DH	14. 肚 BG	6. 囨 WH
4. 告 HR	13. 蘿 TG	5. 淤 EY	15. 銷 CB	7. 岡 BU
5. 旱 AJ	14. 思 WP	6. 湖 EB	16. 講 YB	8. 國 WM
6. 昌 AA	15. 黃 TC	7. 税 HU		9. 圓 WC
7. 想 DP	16. 表 QV	8. 話 YR	**13.3**	10. 達 YQ
8. 榮 FD		9. 漪 ER	1. 勾 PI	11. 闊 AR
9. 碧 MR	**13.2**	10. 鄭 TL	2. 勿 PH	12. 用 BQ
	1. 幼 VS	11. 樹 DI	3. 司 SR	

練習 14

1. 凶 UK	6. 回 先外後內 WR	11. 技 先左後右 QE	16. 孟 先上後下 NT
2. 吉 先上後下 GR	7. 吳 先上後下 RK	12. 享 先上後下 YD	17. 忠 先上後下 LP
3. 同 先外後內 BR	8. 告 先上後下 HR	13. 佩 先左後右 OB	18. 明 先左後右 AB
4. 各 先上後下 HR	9. 宏 先上後下 JI	14. 周 先外後內 BR	19. 林 先左後右 DD
5. 合 先上後下 OR	10. 忘 先上後下 YP	15. 固 先外後內 WR	20. 多 先上後下 NI

練習 15

1. 共	TC	4. 匈	PK	7. 羊	TQ	10. 吏	JK		
2. 步	YH	5. 字	JD	8. 豆	MT	11. 耳	SJ		
3. 求	IE	6. 光	FU	9. 草	TJ	12. 自	HU		

練習 16

1. 尾	SU	6. 胞	BU	11. 耕	QT	16. 晴	AB	21. 喪	GV
2. 拜	HJ	7. 差	TM	12. 假	OE	17. 漢	EO		
3. 星	AM	8. 砲	MU	13. 烽	FJ	18. 蝦	LE		
4. 洗	EU	9. 秩	HO	14. 責	QC	19. 鋒	CJ		
5. 牲	HM	10. 耘	QI	15. 報	GE	20. 艱	TV		

練習 17

1. 巧	MS	4. 丐	MS	7. 艮	AV	10. 育	YB	13. 曲	TW
2. 申	LL	5. 牙	MH	8. 奄	KU	11. 弟	CH	14. 庸	IB
3. 者	JA	6. 目	BU	9. 氓	YP	12. 冉	GB	15. 之	IO

小測考（三）

九	大弓	巧	一一女尸	展	尸廿女	口	口	火	火
十	十	民	口女心	尾	尸竹手山	胞	月心口山	海	水人田卜
力	大尸	主	卜土	巴	日山	兄	口竹山	豚	月一尸人
士	十一	永	戈弓水	看	竹手月山	差	廿手一	責	手一月山金
又	弓大	遠	卜土口女	更	一中田大	異	田廿金	備	人廿竹月
一	一	申	中田中	豆	一口廿	砲	一口心口山	報	土十尸中水
城	土戈竹尸	報	土十尸中水	芽	廿一女竹	火	火	紙	女火竹女心
乞	人弓	洞	水月一口	流	水卜戈山	秩	竹木竹手人	晴	日手一月
丐	一卜女尸	穴	十金	氓	卜女口女心	序	戈弓戈弓	朗	戈戈月
之	戈弓人	共	廿金	行	竹人一一弓	耕	手木廿廿	漢	水廿中人
後	竹人女戈水	同	月一口	者	十大日	耘	手木一一戈	語	卜口一一口
丈	十大	匈	心山大	青	手一月	草	廿日十	智	人口日
夫	手人	奴	女水	菜	廿月木	地	土心木	慧	手十尸一心
牙	一女木竹	官	十口中口	拜	竹手一手十	假	人口卜水	魚	弓田火
齒	卜一山人人	吏	十中大	服	月尸中水	設	卜口竹弓水	蝦	中戈口卜水
大	大	文	卜大	星	日竹手一	彗	手十尸一	鋒	金竹水十
王	一土	字	十弓木	星	日竹手一	星	日竹手一	利	竹木中弓
句	心口	綿	女火竹日月	洗	水竹土山	彩	月木竹竹竹	艱	廿人日女
號	口尸卜心山	羊	廿手	衣	卜竹女	雲	一月一一戈	難	廿人人土
剛	月山中弓	伸	人中田中	牲	竹手竹手一	烽	火竹水十		

練習 18

1. 也	PD	6. 夾	KOO	11. 拳	FQQ	16. 策	HDB	21. 鱷	NFMGR
2. 巾	LB	7. 卷	FQSU	12. 脊	FCB	17. 農	TWMMV		
3. 屯	PU	8. 東	DW	13. 爽	KKKK	18. 頓	PUMBC		
4. 冉	GB	9. 俠	OKOO	14. 喪	GRRV	19. 畺	MGRR		
5. 末	DJ	10. 柬	DWF	15. 棟	DDW	20. 鍊	CDWF		

練習 19

1. 保	人 呆	5. 匙	是 匕	9. 旭	九 日	13. 間	門 日	17. 基 其 土
2. 緒	糸 者	6. 起	走 己	10. 武	弋 止	14. 匍	勹 甫	18. 照 昭 火
3. 肌	月 几	7. 魁	鬼 斗	11. 震	雨 辰	15. 修	亻 彡	
4. 菜	廿 采	8. 爬	爪 巴	12. 學	學 子	16. 州	丶 州	

練習 20

1. 刀	SH	5. 尹	SK	9. 半	FQ	13. 四	WC	17. 申 LWL
2. 上	YM	6. 五	MDM	10. 卡	YMY	14. 失	HQO	18. 目 BU
3. 于	MD	7. 天	MK	11. 占	YR	15. 正	MYLM	
4. 夕	NI	8. 尤	IKU	12. 史	LK	16. 玄	YVI	

練習 21

1. 矛	NINH	4. 羊	TQ	7. 色	NAU	10. 甬	NIBQ	13. 角 NBG	16. 車 JWJ
2. 光	FMU	5. 耳	SJ	8. 步	YLMH	11. 良	IAV	14. 貝 BUC	17. 事 JLLN
3. 吏	JLK	6. 自	HBU	9. 求	IJE	12. 見	BUHU	15. 足 RYO	18. 央 LBK

練習 22

1. 亞	MLLM	5. 雨	MLBY	9. 重	HJWG	13. 馬	SQSF	17. 爾 MFBK
2. 典	TBC	6. 垂	HJTM	10. 革	TLJ	14. 焉	MYLF	18. 叢 TCTE
3. 妻	JLV	7. 甚	TMMV	11. 島	HAYU	15. 鳥	HAYF	
4. 長	SMV	8. 貞	YBUC	12. 烏	HRYF	16. 業	TCTD	

練習 23

1. 糙	火	6. 鍾 兩部分 金	11. 議 三部分 卜	16. 顯 兩部分 日
2. 臉	三部分 月	7. 韓 三部分 十	12. 屬 三部分 尸	17. 鱗 三部分 弓
3. 薛	三部分 廿	8. 禮 三部分 戈	13. 灌 三部分 水	18. 茅 兩部分 廿
4. 襄	三部分 卜	9. 聶 三部分 尸	14. 響 三部分 女	
5. 謝	三部分 卜	10. 藉 三部分 廿	15. 灑 三部分 水	

練習 24

1. 吉	GR	7. 宏 JKI	13. 恃 PGDI	19. 徐 HOOMD	25. 彩 BDHHH
2. 同	BMR	8. 忘 YVP	14. 派 EHHV	20. 浪 EIAV	26. 理 MGWG
3. 各	HER	9. 技 QJE	15. 皇 HAMG	21. 能 IBPP	27. 的 HAPI
4. 合	OMR	10. 林 DD	16. 秋 HDF	22. 區 SRRR	
5. 回	WR	11. 信 OYMR	17. 致 MGOK	23. 售 OGR	
6. 告	HGR	12. 後 HOVIE	18. 風 HNHLI	24. 國 WIRM	

練習 25

1. 澈	EYBK	4. 慧 QJSMP	7. 樹 DGTI	10. 謝 YRHHI
2. 蒼	TOIR	5. 養 TOIAV	8. 糙 FDYHR	11. 聶 SJSJJ
3. 蜘	LIOKR	6. 器 RRIKR	9. 襄 YRRV	12. 影 AFHHH

練習 26

1. 盈	NSBT	8. 藏	TIMS	15. 配	MWSU	22. 偏	OHSB	29. 解	NBSHQ
2. 耐	MBDI	9. 風	HNHLI	16. 偶	OWLB	23. 敏	OYOK	30. 雷	MBW
3. 夠	NNPR	10. 倫	OOMB	17. 移	HDNIN	24. 瓷	IOMVN	31. 電	MBWU
4. 船	HYCR	11. 恐	MNP	18. 通	YNIB	25. 曾	CWA	32. 耍	MBV
5. 尊	TWDI	12. 圖	WRYW	19. 喝	RAPV	26. 雲	MBMMI		
6. 歇	AVNO	13. 爹	CKNIN	20. 颱	HNIR	27. 搞	QYRB		
7. 需	MBMBL	14. 酒	EMCW	21. 侈	ONIN	28. 腦	BVVW		

練習 27

1. 孵	竹竹	5. 醇	一田	9. 離	卜月	13. 獻	卜月	17. 靈	一月
2. 滿	中月	6. 彌	火月	10. 璽	一月	14. 糯	月月	18. 鹼	卜田
3. 酷	一田	7. 牆	人田	11. 霧	一月	15. 贏	月弓		
4. 輪	一月	8. 蕾	廿一	12. 麗	月月	16. 齡	卜山		

練習 28

1. 自	HBU	7. 處	YPHEN	13. 閂	ANB	19. 鬧	LNYLB	25. 難	TOOG
2. 貝	BUC	8. 都	JANL	14. 睡	BUHJM	20. 魅	HIJD	26. 贏	YRBTN
3. 虎	YPHU	9. 陳	NLDW	15. 翟	SMOG	21. 魄	HAHI	27. 魔	IDHI
4. 虐	YPSM	10. 焦	OGF	16. 蒐	THI	22. 贏	YRBBN		
5. 除	NLOMD	11. 開	ANMT	17. 魂	MIHI	23. 機	DVII		
6. 眼	BUAV	12. 間	ANA	18. 確	MROBG	24. 關	ANVIT		

練習 29

1. 搜	QHXE	4. 興	HXBC	7. 賺	BCTXC	10. 躬	HHN	13. 劑	YXLN
2. 舅	HXWKS	5. 蕭	TLX	8. 蠅	LIRXU	11. 滔	EBHX	14. 濟	EYX
3. 瘦	KHXE	6. 嶼	UHXC	9. 射	HHDI	12. 躲	HHHND	15. 叟	HXLE

小測考（四）

大	大	到	一土中弓	市	卜中月	舅	竹難田大尸	會	人一田日
嶼	山竹難金	處	卜心竹水弓	陳	弓中木田	父	金大	輸	十十人一弓
山	山	姊	女中難竹	舊	廿人土難	睡	月山竹十一	贏	卜口月月弓
打	手一弓	姊	女中難竹	鹿	戈難心	覺	竹月月山山	擠	手卜難
齋	卜難火	時	日土木戈	茸	廿尸十	蒼	廿人戈口	迫	卜竹日
老	十大心	間	日弓日	幾	女戈竹戈	蠅	中戈口難山	賺	月金廿難金
虎	卜心竹山	消	水火月	何	人一弓口	慶	戈難水	錢	金戈戈
自	竹月山	閒	日弓月	焦	人土火	祝	戈火口竹山	關	日弓女戈廿
己	尸山	除	弓中人一木	急	弓尸心	熱	土戈火	係	人竹女火
見	月山竹山	夕	弓戈	進	卜人土	鬧	中弓卜中月	難	廿人人土
面	一田卜中	高	卜口月口	退	卜日女	瘦	大竹難水	度	戈廿水
貝	月山金	興	竹難月金	開	日弓一廿	弱	弓一弓戈一	魔	戈木竹戈
殼	土弓竹弓水	深	水月金木	始	女戈口	確	一口人月土	鬼	竹戈
身	竹難竹	淵	水中難中	隊	弓中廿心人	實	十田十金	聽	尸土十田心
體	月月廿田廿	眼	月山日女	員	口月山金	整	木大一卜十	聞	日弓尸十
兒	竹難竹山	睛	月山手一月	搜	手竹難水	齊	卜難		
子	弓木	都	十日弓中	索	十月女戈火	機	木女戈戈		

小測考（五）

1.

登	弓人一口廿	白	竹日	黃	廿一田金	欲	金口弓人	更	一中田大
鸛	廿土竹日火	日	日	河	水一弓口	窮	十金竹竹弓	上	卜一
鵲	廿日竹日火	依	人卜竹女	海	水人田卜	千	竹十	一	一
樓	木中田女	山	山	流	水卜戈山	里	田土	層	尸金田日
		盡	中一火月廿			目	月山	樓	木中田女

2.

登	弓人一口廿	向	竹月口	驅	尸火尸口口	夕	弓戈	只	口金
樂	女戈木	晚	日弓日山	車	十田十	陽	弓中日一竹	是	日一卜人
遊	卜卜尸木	意	卜廿日心	登	弓人一口廿	無	人廿火	近	卜竹一中
原	一竹日火	不	一火	古	十口	限	弓中日女	黃	廿一田金
		適	卜卜金月	原	一竹日火	好	女弓木	昏	竹心日

3.

八	竹人	功	一大尸	名	弓戈口	江	水一	遺	卜中一金
陣	弓中十田十	蓋	廿土戈廿	成	戈竹尸	流	水卜戈山	恨	心日女
圖	田口卜田	三	一一一	八	竹人	石	一口	失	竹手人
		分	金尸竹	陣	弓中十田十	不	一火	吞	竹大口
		國	田戈口一	圖	田口卜田	轉	十十十戈戈	吳	口女弓大

4.

相	木月山	紅	女火一	春	手大日	勸	廿土大尸	此	卜一心
思	田心	豆	一口廿	來	木人人	君	尸大口	物	竹手心竹竹
		生	竹手一	發	弓人弓竹水	多	弓戈弓戈	最	日尸十水
		南	十月廿十	幾	女戈竹戈	採	手月木	相	木月山
		國	田戈口一	枝	木十水	擷	手土口金	思	田心

5.

鹿	戈難心	空	十金一	但	人日一	返	卜竹水	復	竹人人日水
柴	卜心木	山	山	聞	日弓尸十	影	日火竹竹竹	照	日口火
		不	一火	人	人	入	人竹	青	手一月
		見	月山竹山	語	卜口一一口	深	水月金木	苔	廿戈口
		人	人	響	女中卜廿日	林	木木	上	卜一

小測考（六）

在：大中土｜學：竹月弓木｜習：尸一竹日｜心：心｜理：一土田土｜學：竹月弓木｜上：卜一｜有：大月｜兩：一中月人｜種：竹木竹十土｜記：卜口尸山｜憶：心卜廿心｜力：大尸｜分：金尸竹｜別：口尸中弓｜是：日一卜人｜和：竹木口｜哈：口人一口｜佛：人中中弓｜大：大｜學：竹月弓木｜的：竹日心戈｜學：竹月弓木｜習：尸一竹日｜心：心｜理：一土田土｜學：竹月弓木｜家：十一尸人｜曾：金田日｜做：人十口大｜了：弓弓｜一：一｜個：人田十口｜詞：卜口尸一口｜組：女火月一｜聯：尸十女戈廿｜想：木山心｜實：十田十金｜驗：尸火人一人｜首：廿竹月山｜先：竹土竹山｜將：女一月木戈｜參：戈戈戈竹｜與：竹難卜金｜實：十田十金｜驗：尸火人一人｜的：竹日心戈｜學：竹月弓木｜童：卜廿田土｜分：金尸竹｜為：戈大弓火｜組：女火月一｜其：廿一一金｜中：中｜組：女火月一｜要：一田女｜用：月手｜指：手心日｜定：十一卜人｜的：竹日心戈｜方：卜竹尸｜式：戈心一｜去：土戈｜記：卜口尸山｜住：人卜土｜不：一火｜同：月一口｜生：竹手一｜字：十弓木｜的：竹日心戈｜組：女火月一｜合：人一口｜例：人一弓弓｜如：女口｜等：竹土木戈｜等：竹土木戈｜而：一月中中｜第：竹弓中竹｜組：女火月一｜則：月金中弓｜不：一火｜作：人竹尸｜任：人竹土｜何：人一弓口｜聯：尸十女戈廿｜想：木山心｜研：一口一廿｜究：十金大弓｜發：弓人弓竹水｜現：一土月山山｜第：竹弓中竹｜組：女火月一｜的：竹日心戈｜學：竹月弓木｜童：卜廿田土｜將：女一月木戈｜字：十弓木｜聯：尸十女戈廿｜想：木山心｜成：戈竹尸｜一：一｜頭：一廿一月金｜牛：竹手｜正：一卜中一｜在：大中土｜追：卜竹口口｜逐：卜一尸人｜皮：木竹水｜球：一土戈十水｜記：卜口尸山｜得：竹人日一戈｜最：日尸十水｜好：女弓木｜和：竹木口｜最：日尸十水｜久：弓人｜而：一月中中｜不：一火｜作：人竹尸｜出：山山｜任：人竹土｜何：人一弓口｜聯：尸十女戈廿｜想：木山心｜的：竹日心戈｜第：竹弓中竹｜組：女火月一｜學：竹月弓木｜童：卜廿田土｜表：手一女｜現：一土月山山｜最：日尸十水｜差：廿手一｜

附加測考與知識
趣味小測考（七）

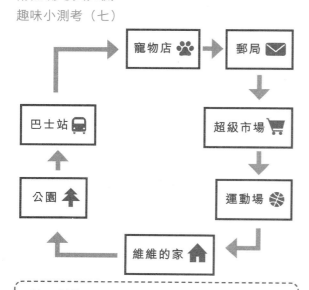

（第一封信）
維維：
　　小黑狗餓了，你竟然忘了餵牠。看來你是一個不負責任的主人，我現在就把牠帶走！
　　哈哈……
　　如果你想找到牠，馬上到公園門口。
　　　　　　　　　　　　　　　　神秘人上

（第二封信）
維維：
　　請你在十五分鐘之內去巴士站，不准遲到！！
　　　　　　　　　　　　　　　　神秘人上

（第三封信）
維維：
　　4B 巴士來了，馬上上車！記住，在郵局站下車之前，要到寵物店買狗糧。
　　　　　　　　　　　　　　　　神秘人上

（第四封信）
維維：
　　請你在十五分鐘內抵達運動場，然後在運動場跑一個圈！
　　　　　　　　　　　　　　　　神秘人上

（第五封信）
維維：
　　跑得好！不過，小黑狗不在這裏！你最好立即回家！
　　　　　　　　　　　　　　　　神秘人上

(第六封信)

維維：

　　小黑狗今日搬進新的狗屋了！
請到屋後花園看看。

神秘人上

想一想

1. 神秘人是維維的爸爸。
2. 爸爸覺得維維沒有盡主人的責任，所以要給他一個小教訓，讓他以為小黑狗被綁架了，令他知道小黑狗對他來說是非常重要的。
3. 小黑狗不是真的被綁架，而是搬到新的狗屋去。

概念小測考（八）

	倉頡碼字首	中文字部首
晴	日	日
朗	戈	月
颱	竹	風
雪	一	雨
銀	金	金
柏	木	木
江	水	火
炮	火	水
地	土	土
節	竹	竹
芽	廿	艸
稻	竹	禾
麥	十	麥
狗	大	犬
牲	竹	牛
鴉	一	鳥
鯉	弓	魚
蛇	中	虫
眠	月	目
聰	尸	耳
吐	口	口
怕	心	心
捉	手	手
弦	弓	弓
裙	中	衣
開	日	門
船	竹	舟
輛	十	車
衝	竹	行
起	土	走
追	卜	辵
跨	口	足
視	戈	見
好	女	女
負	弓	貝

	倉頡碼字首	中文字部首
粉	火	米
社	戈	示
龍	戈	龍
馮	戈	馬
飲	人	食
靜	手	青
限	弓	阜
鞋	廿	革
那	尸	邑
豐	山	豆
豬	一	豕
説	卜	言
解	弓	角
艱	廿	艮
臭	竹	自
畫	聿	聿
耕	手	耒
粉	女	糸
空	十	穴
短	人	矢
益	廿	皿
登	弓	癶
甜	弓	甘
皇	白	白
爬	竹	爪
產	卜	生
瓷	戈	瓦
玩	一	玉
率	卜	玄
爸	金	父
版	片	片
氧	人	气
此	卜	止
民	口	氏
毫	卜	毛

	倉頡碼字首	中文字部首
段	竹	殳
死	一	歹
次	戈	欠
於	卜	方
料	斗	斗
新	卜	斤
收	女	夕
所	戶	戶
成	戈	戈
行	竹	彳
幼	女	幺
市	巾	巾
巴	日	已
巢	女	巛
差	手	工
岸	山	山
寺	土	寸
孝	十	子
外	弓	夕
友	大	又
分	刀	刀
加	大	力
六	卜	八
九	大	乙

《小學生學速成倉頡》第六版

編著：王曉影
協力：李雪熒、李卓蔚、高家華
設計：麥碧心
責任編輯：蘇飛

出版：跨版生活圖書出版
地址：荃灣沙咀道 11-19 號達貿中心 910 室
電話：3153 5574　　　　傳真：3162 7223
專頁：http://www.facebook.com/crossborderbook
網站：http://www.crossborderbook.net
電郵：crossborderbook@yahoo.com.hk

發行：泛華發行代理有限公司
地址：香港新界將軍澳工業邨駿昌街 7 號星島新聞集團大廈
電話：2798 2220　　　　傳真：2796 5471
網頁：http://www.gccd.com.hk
電郵：gccd@singtaonewscorp.com

台灣總經銷：永盈出版行銷有限公司
地址：231 新北市新店區中正路 499 號 4 樓
電話：(02)2218 0701　　　　傳真：(02)2218 0704

印刷：鴻基印刷有限公司

出版日期：2023 年 2 月第六版
定價：港幣八十八元　　台幣三百五十元
ISBN：978-988-75023-4-0

出版社法律顧問：勞潔儀律師行